超圖解

廣告學
產品力、創意力、行銷力的結合

戴國良 博士 著

品牌力、市占率、業績，從廣告知識力做起！

五南圖書出版公司 印行

作者序言

一、廣告的重要性

「廣告學」這一門課，在傳播學院及商管學院已有日益重要的趨勢，很多學生都來選修此課程；選修的意義倒不是說這些學生畢業後，都一定要到廣告公司做事，畢竟國內廣告市場不算太大，廣告公司的用人數量合計起來，可能還不如一家千人的電視公司。但是，這些學生會到一般企業界的行銷企劃部、媒體公關部、業務部等工作，此時他們必然要接觸到廣告方面的需求；因此在大學時代，對這方面知識與常識的充實，當然是必要的。

一般公司在行銷費用的支出，往往以廣告費用的支出占最大比例，因此希望所花費廣告支出發揮應有效益，公司的業績才會持續成長。此外，廣告宣傳對一家公司的企業形象或產品的品牌知名度的塑造，亦扮演非常重要的角色及分量。

廣告學也是行銷 4P 組合策略中，一個關鍵的行銷知識與核心。其實，現代人每天幾乎都會接觸到各種媒體廣告宣傳；如：電視廣告、臉書廣告、網路廣告、公車廣告、捷運廣告、報紙雜誌廣告、廣播廣告，到各種超市、大賣場也會看到各式各樣的宣傳廣告招牌及折扣訊息吊牌。可以說，我們每天都處在廣告的環境中，廣告亦是我們生活環境中經常見到的一環。

二、本書五大特色

(一) 具完整性

本書內容涵蓋廣告產業知識、五大傳統媒體知識、數位媒體知識、廣告創意與製作知識、市調知識、廣告公司經營知識、媒體企劃與媒體購買提案知識等，架構堪稱完整，內容與時俱進。

(二) 實務導向

本書內容為實務＋案例＋本土化，非純理論內容；實用性很高，學起來也很輕鬆，重要的是很有用。

(三) 全面圖解化

為使讀者、老師及學生易於閱讀及快速一目瞭然，在撰寫上全面圖解化，是教科書、知識讀本、職場工具書的一大創舉。

(四) 最好的一本實用書

筆者在書店翻閱過一些廣告學商業書及教科書，深覺本書是目前市面上撰寫最好且最實用的一本「廣告學」實用工具書。

(五) 與時俱進

本書內容都是最近一、二年的最新素材與實務經驗融合而成，未來也將每二、三年更新改版內容，以求能夠與時俱進，掌握廣告產業與媒體產業的最新動態與變化趨勢。

三、感恩、感謝與祝福

本書能順利完成，衷心感謝我的家人、世新大學的各位長官、同事們及同學們，以及五南圖書出版公司的相關協助。由於您們的協助、鼓勵及加油，才使本書能以全新面貌及獨特風格呈現。

四、人生勉語

幾句筆者日常喜歡的座右銘，提供給各位參考：

- ・大悲心起，永保慈悲心。
- ・反省自己，感謝別人。
- ・在變動的年代裡，堅持不變的真心相待。
- ・夜色暗下來，一切歸於寧靜，望著窗外閃爍的路燈與遠山的點點燈火，可以靜靜思考自己與世界。
- ・以行動證明：做自己，路更廣。
- ・堅持做喜歡的事，才會有好成果。
- ・有慈悲，就無敵人；有智慧，就無煩惱。
- ・終身學習，必須有目標、有計畫、有系統，以及有紀律的學習。
- ・滿招損，謙受益。

- 很多人喜歡把磨練當成是受苦，我卻視磨練為上天對我的恩賜。
- 力爭上游，終必有成。
- 確立人生目標，全力以赴。
- 成功的職涯工作（五要素）＝努力 × 進步 × 熱情 × 人脈存摺 × 終身學習

最後祝福所有老師、讀者及同學，都能擁有一個成長、成功、健康、平安、順利、欣慰、滿意的美麗人生旅程。

感謝大家！感恩大家！

戴國良

Mail: taikuo@mail.shu.edu.tw

目錄

Chapter 1

廣告概論

1-1 廣告的定義、種類、應用行業及其功能與目的

一、廣告的定義與內涵

所謂廣告，就是指：「一個公司及它的產品，透過大量的傳播媒體，例如：電視、網路、手機、報紙、雜誌、郵寄、戶外、大眾運輸工具等，來傳送訊息給目標觀眾或聽眾，以達成廠商的行銷目標／目的。」

二、廣告的種類

以實務上來說，廣告的種類主要可區分為以下七種類型：

(一) **產品型廣告**：大部分的廣告都是屬於產品型廣告，就是介紹產品的各種功能、機能、好處、功效、效果、特色、益處等給消費者看，希望使消費者看到後，會因而採取行動去購買它。

(二) **企業形象型廣告**：有些大公司、大企業集團為了建立或傳達他們的優良企業形象，所以，在電視上做了此類型廣告片；例如銀行金控集團、製造業集團等均曾出現過。

(三) **促銷型廣告**：在每逢重要節慶促銷檔期時，各種傳播媒體上就會出現促銷型廣告的宣傳。例如：每年 10 ～ 12 月就會有百貨公司或零售業的週年慶促銷型廣告出現；每年 5 月會有母親節促銷廣告；每年 2 月會有農曆過年促銷廣告；此外，還有中秋節、端午節、中元節、父親節、情人節、聖誕節、元旦、開學季等節慶促銷型廣告的出現。

(四) **公益型廣告**：由於現代是一個重視企業社會責任 (CSR) 的時代，因此很多大企業都會適時推出公益型廣告片，以彰顯該公司的公益形象。例如：和泰汽車 (TOYOTA) 曾推出「賣一部車，捐一棵樹」的公益電視廣告片播出；另外，中國信託銀行也曾推出「點燃生命之火」的捐獻電視廣告片，鼓勵好心人士共襄盛舉，救助貧窮苦難老百姓。

(五) **政府宣傳型廣告**：政府各單位為了說明他們為國民做了哪些事情，或想推動哪些重大活動時，也都會推出以電視廣告為主力的宣傳短片。例如：客家委員會、法務部、衛福部、交通部、各級地方政府、國防部、經濟部、內政部等各政府單位，都曾做過各種政令宣傳短片。

(六) **選舉型廣告**：臺灣是一個民主國家，每幾年經常會有各類選舉型廣告片出

廣告的定義與內涵

廣告的實務定義與內涵

1 廠商透過下列各種媒體管道：

(1) 電視	(8) 公車、捷運、高鐵
(2) 網路	(9) DM、EDM
(3) 手機	(10) 展示會
(4) 報紙	(11) 記者會
(5) 雜誌	(12) 新聞稿
(6) 廣播	(13) 賣場、店面
(7) 戶外看板	

2 傳達訊息、文字、圖片、與影音內容。

3 消費者看到、接收到、感受到、思考到與展開購買行動！

4 達成廠商的行銷目標／目的！

・打造及維繫品牌力。
・提高業績銷售力。
・鞏固既有市占率。
・維持企業形象度。

現，從最高層的每四年總統大選，到立法委員選舉及縣市長選舉等三種最顯著的選舉廣告，也是大家生活中最常見到的。

(七) Call-in 銷售型廣告：

1. 最近在電視上也常見到的一種，稱為是「Call-in 銷售型廣告」；亦即，指很多以中老年人為對象的保健食品，也常透過長秒數電視廣告片中的 0800 打電話進行訂購的廣告宣傳片。例如，日系的三得利保健食品公司，就是經常使用這種 Call-in 銷售促進電視廣告宣傳手法的代表公司。

2. 這種 Call-in 銷售型廣告模式，最主要是模仿自國內專門的「電視購物臺」模式而來的。

3. 據各方數據顯示，這種以中老年人為對象的 Call-in 銷售型廣告片的效果還滿不錯的，有其成效。

廣告表現的七個類型

1 產品型廣告

桂格、統一、花王、麥當勞、Panasonic、TOYOTA、日立、大金、P&G、光陽……。

7 Call-in 銷售型廣告

日商三得利保健食品、震達企業。

2 企業形象型廣告

和泰TOYOTA汽車、富邦金控、國泰金控。

6 選舉型廣告

總統大選、立委選舉、縣市長選舉。

3 促銷型廣告

週年慶、母親節、中秋節、春節、父親節、年中慶。

5 政府宣傳型廣告

衛福部、國防部、法務部、經濟部、交通部。

4 公益型廣告

中國信託、各種慈善基金會、慈善協會。

三、廣告種類的應用行業別

以上所述各種類廣告片，在不同行業別，有其不同的應用類型。例如：

(一) **百貨零售業**：百貨零售業是應用「促銷型廣告」最多的行業；例如，SOGO 百貨、新光三越百貨、全聯、家樂福、7-Eleven、屈臣氏、康是美等大型主力百貨零售業，經常會出現各種「促銷型廣告」的媒體宣傳。

(二) **消費品行業**：「產品型廣告」是最常出現在各種消費品行業的；例如：鮮奶、奶粉、麥片、藥品、洗衣精、洗髮乳、沐浴乳、豆漿、餅乾、巧克力、香氛品、咖啡等消費品的廣告宣傳，經常是以介紹他們的特性、功能、好處等為宣傳重點。

(三) **大型企業**：大型企業則常以「企業形象型廣告」及「公益型廣告」出現在電視廣告宣傳上，以展現其回饋社會、公益社會的優良企業形象，進而得到廣大消費者的好評及長期支持。

各行業對應的各類型廣告

1 百貨零售業　　以「促銷型廣告」居多！

2 消費品行業　　以「產品型廣告」居多！

3 大型企業　　以「企業形象型」及「公益型」廣告居多！

四、廣告的功能及目的

廣告是要花錢的，因此會要求其功能及目的。在實務上，廠商對廣告支出有下列五大功能及目的：

(一) **最主要二大功能**

1. 打造及持續品牌力功能：廠商投資廣告或做廣告，其一個主要功能，就是希望能夠打造及持續品牌力的功能。而這個品牌的功能，就是希望能夠透過廣告投資，而能夠有效提升這個品牌的 (1) 知名度、(2) 好感度、

(3) 信賴度、(4) 忠誠度、(5) 情感度、(6) 黏著度、(7) 形象度、(8) 能見度。

若能夠達成上述打造品牌力功能，就可以說已經達成了廣告投資的一半功能及目的了。

2. 提高業績力功能：當然，廠商最終的一大目的，就是希望廣告投資能夠有效提升業績的成長，這是最實際的廠商目的。不過，坦白說，提升業績成長的因素，是由非常多元化因素所造成的，絕不是單一廣告因素。

強打廣告，即在打造品牌力與累積品牌資產

品牌力與品牌資產的八個內涵

1 提高知名度	➕	**2** 提高好感度	➕	**3** 強化信賴度	➕	**4** 累積忠誠度

➕

8 打開能見度	➕	**7** 塑造形象度	➕	**6** 增強黏著度	➕	**5** 形塑情感度

· 成為第一品牌
· 成為領導品牌
· 有效拉高業績

廣告投資的直接／間接效益

廣告投放、投資的二個方向效益

1 │ 直接效益

・打造品牌力！
・累積品牌資產！

2 │ 間接效益

・鞏固業績！
・提高業績！
・鞏固市占率！

因此，我們只能說，廣告投資對廠商業績的成長，只有「間接」促進效果，而非「直接、全面」的效果。

(二) 次要三大功能

除上述主要二大功能外，廣告投資的功能及目的，還有另外下列三項功能及目的，如下：

1. 具說服功能：做廣告，具有想要說服消費者相信廠商所描述表達的樣態，希望能夠影響消費者的心理認知，說服及改變消費者原先的想法。此即說服消費者功能。例如：維護老年人骨骼的保健食品廣告，即在說服老年人，吃了此品牌產品後，你的骨骼就會強健很多。

2. 具提醒功能：做廣告，亦具有提醒功能，亦即提醒消費者，我這個品牌還在你身邊，勿忘了我這個品牌；若品牌端長期不做廣告，很容易使消費者漸漸忘掉該品牌，從而不買該品牌了。

3. 具訊息傳達功能：做廣告，最基本的功能之一，就是想把廣告中的訊息傳達給消費者看到及知道。例如：廠商端有新產品訊息、新促銷訊息、新代言人訊息等，都會透過廣告表達、傳遞出去。

廣告的五大功能及目的

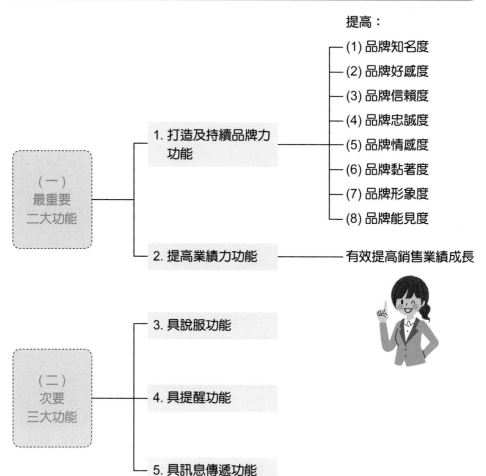

提高：

- (1) 品牌知名度
- (2) 品牌好感度
- (3) 品牌信賴度
- (4) 品牌忠誠度
- (5) 品牌情感度
- (6) 品牌黏著度
- (7) 品牌形象度
- (8) 品牌能見度

（一）
最重要
二大功能

1. 打造及持續品牌力功能

2. 提高業績力功能 —— 有效提高銷售業績成長

（二）
次要
三大功能

3. 具說服功能

4. 具提醒功能

5. 具訊息傳遞功能

1-2 廣告的價值、廣告任務目標及成功廣告片六大面向條件

一、廣告的四種價值

(一) **廣告可以創造品牌價值**：廣告的價值之一，是為廠商創造這個產品或服務的品牌 (Brand)。而品牌是一種永續的資產價值，有品牌的東西，其價值就稍高；沒有品牌東西，就可能淪為低價格戰。而長期打廣告的結果，確實有助品牌的建立、鞏固與深化。

(二) **廣告可以提供資訊價值**：透過平面及雜誌大篇幅廣告的表達，可以在很短時間內，了解某產品與服務的深度資訊價值。

(三) **廣告可以改變態度價值**：透過良好設計的廣告傳播出現，可以撼動人心，而改變消費者心中原有的態度與想法，而對此產品、服務或企業，有了新的態度與支持。因此，最近幾年來的感動行銷廣告及溫馨廣告，亦有漸多的趨勢。

(四) **廣告可以促進銷售價值**：透過促銷型廣告的呈現，可以刺激消費者的購買慾望及動機。例如在百貨公司週年慶打折期間，透過電視及網路廣告宣傳之後，常看到人山人海搶購的情況。

廣告的四種價值

1	**2**	**3**	**4**
廣告可以創造品牌價值	廣告可以提供資訊價值	廣告可以改變態度價值	廣告可以促進銷售價值

二、廣告任務（目標）是什麼

從比較廣義角度看，廣告任務或目標，應該具有最完整的下列九項：

1. 新產品上市或新品牌上市，需要做廣告；
2. 既有產品改善或重新定位後，需要做廣告；
3. 做企業形象廣告；

4. 做促銷活動宣傳;

5. 提高市占率;

6. 活化品牌、使品牌年輕化,不至於老化;

7. 打造品牌,提升知名度;

8. 具 Reminding 效果(提醒消費者);

9. 最終當然要提升業績。

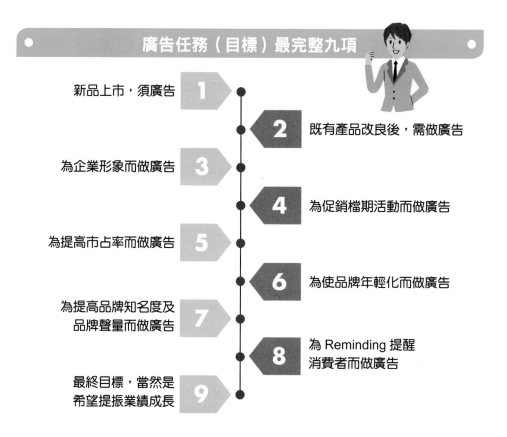

廣告任務(目標)最完整九項

1 新品上市,須廣告

2 既有產品改良後,需做廣告

3 為企業形象而做廣告

4 為促銷檔期活動而做廣告

5 為提高市占率而做廣告

6 為使品牌年輕化而做廣告

7 為提高品牌知名度及品牌聲量而做廣告

8 為 Reminding 提醒消費者而做廣告

9 最終目標,當然是希望提振業績成長

三、成功廣告片的六大面向條件分析

什麼是成功的廣告片?本書作者綜合歸納來看,有以下六大條件:

(一)從廣告客戶績效目標來看,要能到達成三項

1. 能提高廣告客戶的品牌力。

2. 能提高廣告客戶的業績力。

3. 能提高廣告客戶的市占率。

(二) 能夠叫好又叫座

・ 叫好：就是讓人看了很有感覺、很感動。

・ 叫座：就是讓人看了很想去購買此產品。

(三) 能夠有記憶度

有些廣告看過後，就忘記了；但是好的廣告片，會讓人深刻記住此廣告片的內容、主角及產品品牌。

(四) 能提高對品牌的知名度及好感度

有些廣告片因為藝人代言的表現良好且突出，故而能夠增強對此廣告片的注目度、吸睛度，以及對該品牌的知名度及好感度。

(五) 加深整體形象度

好廣告片，必可加深消費者對此品牌的整體形象度，對此品牌也有更好的印象了。

(六) 對產品有進一步了解

好廣告片，在短短 30 秒內，也必然會讓消費者了解廣告片所表達出來的該產品功能及特色，達成廣告目的，即真正認識與了解此產品。

成功廣告片的六大面向條件

1 能夠達成廣告客戶的績效目標！ **2** 能夠叫好又叫座 **3** 能夠有記憶度

6 對此產品必有進一步了解 **5** 能加深對品牌的整體形象度 **4** 能提高對品牌的知名度及好感度

廣告客戶很滿意！很感謝！

一、廣告產業的組成

在整個廣告產業中,主要由六個部分的參與者所組成,簡述如下:

(一)廣告主(廠商)

即指廣告客戶(廠商),例如:P&G、統一企業、中信金控、國泰金控、花王、聯合利華、裕隆汽車、和泰汽車、中華電信、可口可樂、台灣大哥大、遠傳電信、全聯超市、Panasonic、大金冷氣、日立冷氣、屈臣氏、康是美、白蘭氏、桂格、統一超商等製造業、服務業、及金融業公司等。這些都是出錢做廣告的大客戶。

(二)廣告代理商

即能為上述廣告客戶做廣告企劃、廣告創意、與拍攝廣告 CF 或平面稿的廣告代理商。例如:奧美廣告、李奧貝納、智威湯遜、麥肯、台灣電通、聯廣、宏將、陽獅等廣告公司。

(三)媒體購買服務公司

廣告 CF 平面稿做好之後,接著專業的媒體分析、媒體企劃及媒體購買公司,即會依媒體配置計畫與預算,向各種下游媒體公司進行時段播出的購買、談判及執行。這些媒體購買服務公司,則包括有傳立、貝立德、凱絡、優勢麥肯、極致傳媒、媒體庫、宏將、星傳媒體、浩騰媒體、奇宏媒體等公司。

(四)媒體公司

即指包括如下公司:

1. 無線電視公司:台視、華視、中視、民視及公視。
2. 有線電視公司:東森、三立、TVBS、緯來、八大、中天、福斯、年代、非凡、壹電視等頻道家族公司。
3. 報紙:中時、聯合、自由時報等三大報業。
4. 雜誌:天下、商周、經理人、今周刊、遠見、數位時代、VOGUE、儂儂、美麗佳人等。
5. 廣播電臺:飛碟、中廣、警廣、台北之音、台北愛樂、大眾、大千、港都等。

廣告主、廣告代理商與媒體代理商之產業結構關係

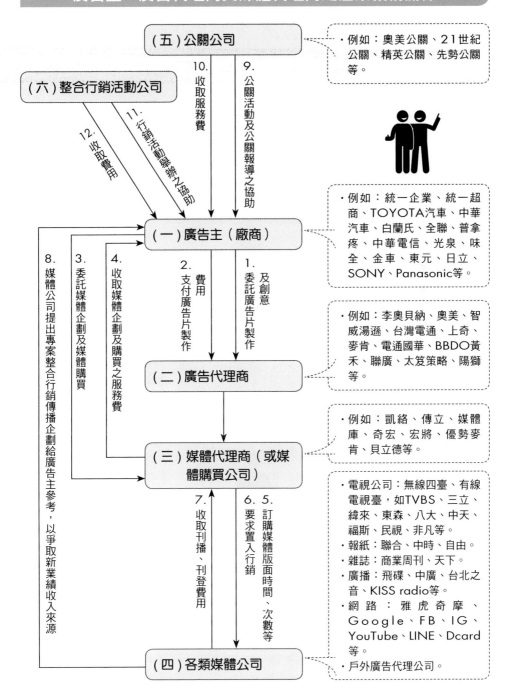

（五）公關公司
・例如：奧美公關、21世紀公關、精英公關、先勢公關等。

（六）整合行銷活動公司

10. 收取服務費

9. 公關活動及公關報導之協助

11. 行銷活動舉辦之協助

12. 收取費用

（一）廣告主（廠商）
・例如：統一企業、統一超商、TOYOTA汽車、中華汽車、白蘭氏、全聯、普拿疼、中華電信、光泉、味全、金車、東元、日立、SONY、Panasonic等。

2. 費用支付廣告片製作

1. 委託廣告片製作及創意

8. 媒體公司提出專案整合行銷傳播企劃給廣告主參考，以爭取新業績收入來源

3. 委託媒體企劃及媒體購買

4. 收取媒體企劃及購買之服務費

（二）廣告代理商
・例如：李奧貝納、奧美、智威湯遜、台灣電通、上奇、麥肯、電通國華、BBDO黃禾、聯廣、太笈策略、陽獅等。

（三）媒體代理商（或媒體購買公司）
・例如：凱絡、傳立、媒體庫、奇宏、宏將、優勢麥肯、貝立德等。

7. 收取刊播、刊登費用

6. 5. 訂購媒體版面時間、次數等

5. 要求置入行銷

（四）各類媒體公司
・電視公司：無線四臺、有線電視臺，如TVBS、三立、緯來、東森、八大、中天、福斯、民視、非凡等。
・報紙：聯合、中時、自由。
・雜誌：商業周刊、天下。
・廣播：飛碟、中廣、台北之音、KISS radio等。
・網路：雅虎奇摩、Google、FB、IG、YouTube、LINE、Dcard等。
・戶外廣告代理公司。

(五) 相關周邊公司

　　包括 CF 製作工作室、市場調查公司、美術設計公司、印刷公司、收視率調查公司、公關公司、CI 識別公司、活動舉辦公司、藝人經紀公司以及其他個人工作室。

(六) 最終消費者

　　消費者購買產品或服務，而使廣告主（廠商）的產品銷售及獲利能夠產生。而廣告針對消費者的品牌偏好、喜愛、忠誠、知名度及購買行為，則均產生影響。

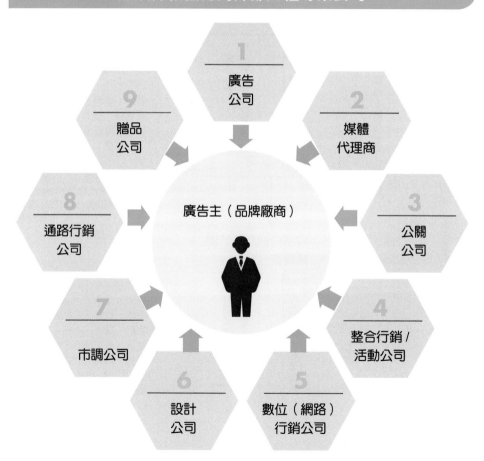

廣告主（品牌廠商）在行銷成功過程中，
必須仰賴協力的外部九種專業公司

1　廣告公司

2　媒體代理商

3　公關公司

4　整合行銷／活動公司

5　數位（網路）行銷公司

6　設計公司

7　市調公司

8　通路行銷公司

9　贈品公司

廣告主（品牌廠商）

1-4 廣告七說及廣告公司的 6C

一、廣告七說的思考

針對廣告的內涵，曾有一個知名的「廣告七說」，即：

(一) 對誰說？(Say to whom)

要先確定廣告的目標消費群是誰，是年輕人？是老年退休族？是熟女？是壯年族？是學生？是家庭主婦？是單身族群？或是全客層？

(二) 說什麼？(Say what) (What to say)

即要制訂廣告策略、廣告傳播主軸核心及廣告訴求點所在。

(三) 如何說？(How to say)

即著重創意與表現，一定要讓消費者有被說服到及溝通到；有時候要加上藝人代言、網紅代言或醫生專家推薦，才會更有說服力及影響力。

(四) 在什麼時間、地點說？(When and where to say)

此即牽涉到媒體策略，包括：要用哪些傳統媒體？要用哪些數位及網路媒體？透過這些有效媒體組合，才能讓消費者看到我們的廣告呈現。所以，媒體代理商就是提供客戶「媒體研究」、「媒體企劃」及「媒體購買」的專業服務事項。

廣告七說的思考

1 對誰說？
(Say to whom)

2 說什麼？
(Say what) (What to say)

3 如何說？
(How to say)

4 在什麼時間、地點說？
(When and where to say)

5 說後的效果？
(What effect to say)

6 透過哪些管道而說？
(In which channel)

7 誰在說？
(Who say)

（五）說後的效果？ (What effect to say)

　　　　此即廣告播出或刊登後，最終得到什麼效果，要進行廣告效果的評估。希望透過這些事後的評估，能夠不斷地調整客戶的廣告策略、廣告內容及廣告方向，以達成最好、最佳的廣告成效及廣告 ROI（投資報酬率）。

（六）透過哪些管道而說？ (In which channel)

　　　　要透過哪些媒體管道出現這些廣告？才能讓更多的 TA 看到這些廣告。

（七）誰在說？ (Who say)

　　　　誰在做廣告？為什麼？廣告的目標／目的是什麼？

三、廣告公司的 6C

　　一家廣告公司的經營，要從六個面向來關心，此即廣告公司的 6C：

（一）Consumer（消費者洞察）（溝通的對象）

　　　　廣告播出來最重要的就是要給消費者或目標 TA (Target Audience) 看到，進而說服他們、影響他們，達成廣告客戶的目的。因此，要多多了解目標 TA 的狀況，才能做好每一次的廣告溝通任務。總之，即要做好「洞察消費者」(Consumer Insight) 的工作，這是很重要的。

（二）Creative（創意力）

　　　　一個成功的電視廣告片或網路及平面廣告稿，創意是最關鍵的要素；必須是能吸引人去注目觀看及深受感動，叫好又叫座的創意廣告，才是成功的電視廣告片。因此，創意人員在發想創意時，應更注意對目標 TA 的蒐集、分析、了解、洞察、同理心及站在顧客立場，去發想及製作一個好看、又有吸引力的電視廣告片及網路平面廣告稿。

（三）Channel（媒體管道）

　　　　廣告必須透過各種媒體呈現，不同媒體有其不同的收看族群及功能。因此，要做好適當媒體組合 (Media Mix) 選擇及配置比例。例如：

・中年人、老年人（40~75 歲）的媒體選擇，必然是以傳統媒體為主。例如：電視、報紙、雜誌、廣播、DM 特刊等傳統五大媒體。

・年輕人（20~39 歲）的媒體選擇，則以網路、手機（行動）、EDM、戶外等新媒體為主。

消費者洞察些什麼？ Consumer Insight 的九大項

1 | 洞察了解消費的基本人口變數（性別／年齡／所得／工作／婚姻／學歷）。

2 | 洞察消費者的消費觀與價值觀。

3 | 洞察消費者的購買行為、購買地點、購買頻率。

4 | 洞察消費者的使用行為、使用偏好。

5 | 洞察消費者的消費興趣、關心消費狀況。

6 | 洞察消費者的產品價格觀及價格接受度。

7 | 洞察消費者是否有知名品牌消費行為及國外名牌行為。

8 | 洞察消費者的消費能力！可否接受高價／高品質的行為。

9 | 洞察消費者在實體及網路購買行為之區別。

成功的廣告創意四要件

1
要能打造出
品牌資產價
值。

2
要能感動人
心，深入人
心。

3
要能叫好又
叫座。

4
要能為客戶
創造業績成
長。

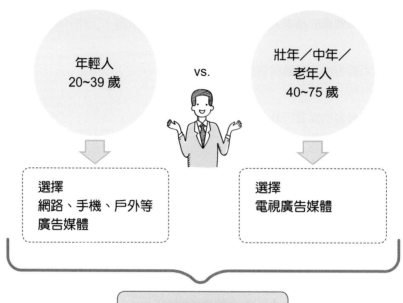

媒體管道的選擇與年齡層有很大關係

年輕人
20~39 歲

vs.

壯年／中年／
老年人
40~75 歲

選擇
網路、手機、戶外等
廣告媒體

選擇
電視廣告媒體

• 才能發揮廣告效果
• 做到精準行銷目標

(四) Communication（傳播力）

　　亦即，廣告必須透過跨媒體整合行銷傳播 (IMC, Integrated Marketing Communication) 的 360 度全方位行銷傳播操作，才能全面的觸及到消費者，並能產生對廣告客戶的品牌力及業績力提升最大效果。因此，傳播策略上，必須考量運用哪些媒體組合？確立哪些訴求重點及傳播主軸、主核心？

(五) Campaign（執行力）

　　再來就是整體廣告活動的執行力，要把一個很好的廣告企劃案，徹底的做好執行力貫徹，並讓它產生好的效果。在執行上要注意到：

1. 重視執行細節及執行流程。
2. 要注意要有 Check point（考核點），隨時更正、調整行動方向及做法。
3. 要有彈性及機動應變力，也是不可忽略的。

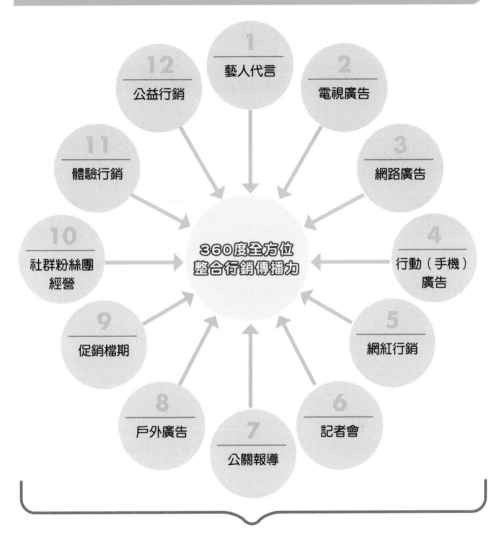

360 度全方位整合行銷傳播力

- 1 藝人代言
- 2 電視廣告
- 3 網路廣告
- 4 行動（手機）廣告
- 5 網紅行銷
- 6 記者會
- 7 公關報導
- 8 戶外廣告
- 9 促銷檔期
- 10 社群粉絲團經營
- 11 體驗行銷
- 12 公益行銷

360度全方位整合行銷傳播力

- ・ 觸及最多 TA 的目光
- ・ 達成最大曝光率
- ・ 有效拉升品牌效果及業績效果

(六) Constraint（限制條件）

必須知道自己有多少資源可以使用？有多少預算可以投入？以及注意不要違反廣告法規，以免對廣告主客戶的品牌形象有不利影響。

廣告公司的 6C

1 消費者洞察 (Consumer)

2 創意力 (Creative)

3 媒體管道 (Channel)

4 傳播力 (Communication)

5 執行力 (Campaign)

6 限制條件 (Constraint)

學校沒教的廣告學潛規則

新產品廣告預算之決定

一般來說，新產品在第一個年度內，至少必須投入 3,000 萬元電視廣告預算，才會逐步打響此新產品，這是實務上基本認知與常識。例如：最近幾年內的新產品，包括原萃綠茶、桂格燕麥飲、和泰 SIENTA 汽車、屈臣氏活沛多、娘家滴雞精、善存葉黃素、P&G Crest 牙膏等新產品，當年度都投入至少 3,000 萬 ~ 1 億元的電視廣告預算，才打響這些新產品，也才使它們順利存活下來。

新產品廣告預算的三個基本觀念

1
新產品必須先有知名度，才有後面的銷售可能

+

2
新產品第一年必然虧損

+

3
新產品第一年，必須投入 3,000 萬 ~ 1 億元的電視廣告宣傳費

1-5 廣告 TPCM、AUCA、AIDMA 模式

一、日本電通廣告公司的廣告策略規劃四大重點：TPCM

根據資料顯示，日本最大的電通廣告公司對廣告策略規劃，認為有四大重點，如下述：

(一) T (Target)（溝通對象）

任何廣告規劃及創意制訂都要先思考到，此次的廣告活動，其溝通對象是誰？若從人口統計變數來看，又可區分為 15 大變數，如下：

1. 性別	2. 年齡層	3. 所得別
4. 職業別	5. 已婚／未婚	6. 學歷別
7. 價值觀	8. 興趣別	9. 消費行為別
10. 家庭結構別	11. 偏好、愛好別	12. 價格意識敏感別
13. 品牌信仰別	14. 促銷活動感受別	15. 購買行為別

(二) P (Perception)（認知／知覺）

接下來，做廣告要思考到：要建立消費者或改變消費者什麼標的、對產品的認知或知覺，然後才能夠影響他們的觀念及購買行為。

溝通對象 (TA) 的 15 大變數

1 性別	**2** 年齡層	**3** 所得別
4 職業別	**5** 已婚／未婚	**6** 學歷別
7 價值觀	**8** 興趣別	**9** 消費行為別
10 家庭結構別	**11** 偏好、愛好別	**12** 價格意識敏感別
13 品牌信仰別	**14** 促銷活動感受別	**15** 購買行為別

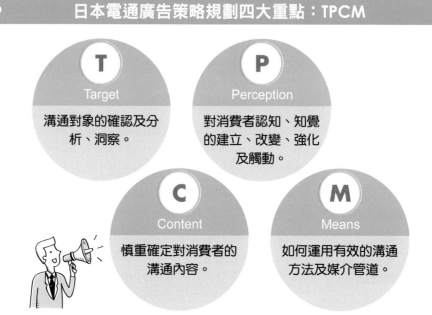

日本電通廣告策略規劃四大重點：TPCM

T Target
溝通對象的確認及分析、洞察。

P Perception
對消費者認知、知覺的建立、改變、強化及觸動。

C Content
慎重確定對消費者的溝通內容。

M Means
如何運用有效的溝通方法及媒介管道。

(三) C (Content)（溝通內容）

　　第三個，做廣告則要思考到：要做什麼樣的溝通內容。這短短 30 秒的寶貴時間內，應該放入哪些重要的、值得的溝通內容給消費者看；目的要讓消費者能夠認同、感動，及引起興趣或產生需求。

(四) M (Means)（溝通方法）

　　第四個，最後要考慮如何與消費者溝通到，要透過哪些媒體和哪些方法、做法，才能讓更多目標 TA 消費者看到及被吸引到。

二、廣告影響效果的 AUCA 模式及相對行銷作為

(一) AUCA 模式

　　廣告係通過下列 AUCA 模式來影響消費者，如下圖示：

知名　　　了解　　　信服　　　行動

1. 知名 (Awareness)：透過廣告的曝光，使消費者認識及知道這個企業或這個品牌，此即打造出此品牌的知名度。

2. 了解 (Understand)：接著，即了解此產品的相關資訊，包括：功能、機能、效果、耐用度、品質、設計、包裝、特性、口味、成分等。

3. 信服 (Conviction)：廣告意在使消費者能夠信服、相信產品的訴求，並且在心理上有正面的態度及認知。

4. 行動 (Action)：最後，當消費者有需求的時候，就會對此信服的品牌採取購買行為，以完成廣告的最終目的。

(二) 相對應的行銷作為

從上述 AUCA 模式來看，各階段相對應必須做的行銷動作，包括如下圖示：

廣告作用四大階段及相對應的行銷作為

相對應的行銷作為

1 知名階段
· 多做各種廣告曝光。
· 多做各種媒體專訪及報導露出。
· 創造話題。
· 多舉辦記者會、展銷會、展覽會。
· 多利用藝人及網紅做品牌代言人。
· 總之，要盡全力打開知名度。

2 了解階段
· 集中、聚焦宣傳產品的主要功能、性能、效果、成分、品質、特性、好處、利益點。
· 多展現出產品的獨特性、差異化、優質性及競爭優勢。

3 信服階段
· 多建立良好口碑效果的傳播。
· 多做社群媒體的正評信任。
· 以優質「產品力」取得消費者信任。
· 打造出品牌的高信任度及信賴度。

4 行動階段
· 多配合各種節慶促銷優惠活動。多回饋會員好處。
· 多做賣場現場的廣告招牌。
· 多做會員紅利積點優惠。

三、廣告作用的 AIDMA 模式

在廣告發生作用上，可以區分為五個階段，如下：

(一) Attention (A)

即廣告可以引起消費者的注意、注目度。

(二) Interest (I)

　　隨後會提高消費者的興趣。

(三) Desire (D)

　　接著，會激起消費者的慾望及渴望。

(四) Memory (M)

　　會促使記憶、加深印象。

(五) Action (A)

　　最後，當有需求時，消費者就會採取購買行動，以滿足內心的需求。

AIDMA 廣告作用模式

A	I	D	M	A
注目	興趣	渴望	記憶	行動
(Attention)	(Interest)	(Desire)	(Memory)	(Action)

1-6 尼爾森媒體大調查（2021年）

　　根據國內權威的尼爾森媒體大調查，其結果如下各項：

一、過去一週五大媒體接觸率？

　　1. 電視收視率：90%

　　2. 網路＋手機瀏覽率：90%

　　3. 報紙閱讀率：20%

　　4. 雜誌閱讀率：18%

　　5. 廣播收聽率：15%

電視及網路是國人每天接觸最高的二大媒體

 每天接觸最高的二大媒體

| 電視 TV (90%) | ＋ | 網路（含手機）(90%) |  |

其他傳統媒體接觸率大幅下滑衰退

| 報紙 (20%) | ＋ | 雜誌 (18%) | ＋ | 廣播 (15%) |

二、過去一週收看電視節目類型前五名？

　　1. 新聞類：47%

　　2. 戲劇類：23%

　　3. 影片（歐美）：15%

　　4. 綜藝類：13%

　　5. 體育類：11%

三、過去一週電視時段收視率？

　　1. 晚上 8 ～ 9 點：50%

　　2. 晚上 9 ～ 10 點：45%

國人最喜愛看的前三大類電視節目

第1名 新聞類 (47%)	**第2名** 戲劇類 (23%)	**第3名** 影片類 (15%)

3. 晚上 7 ～ 8 點：37%

4. 晚上 10 ～ 11 點：33%

5. 晚上 11 ～ 12 點：18%

四、過去一週雜誌閱讀率（週刊）？

1. 商業周刊：8.5%

2. 天下雜誌：5.9%

3. 今周刊：3.2%

4. 時報周刊：2.0%（註：時報周刊已於 2021 年 8 月停刊。）

五、過去一週月刊雜誌閱讀率？

1. 遠見：3.8%

2. 康健：2.9%

3. 讀者文摘：2.4%

4. 親子天下：2.1%

5. Smart 智富：2%

六、過去一週報紙閱讀率？

1. 蘋果日報：20%（註：蘋果日報已於 2021 年 5 月停刊。）

2. 自由時報：18%

3. 聯合報：13%

4. 中國時報：11%

七、過去一週網路瀏覽率？

1. LINE（手機）：90%

2. FB（臉書）：70%

3. YouTube：50%

4. Google：45%

5. IG：40%

1-7 廣告代理商提案流程

就實務來說,整個廣告代理商提案的流程步驟,如下面幾點:

步驟 (1) 及 (2):廣告客戶有需求時及五大點說明

當廣告主(廣告客戶)有製作電視廣告片需求時,即會找來廣告公司的業務 (AE) 人員,向他們說明五大點:

1. 此次廣告的目的。
2. 此次廣告的內容方向、主要訴求點、有沒有要用代言人、產品特色、傳播 主軸等。
3. 公司概況及簡介。
4. 市場概要分析。
5. 此波及年度廣告預算有多少,以及運用哪些媒體。

在此階段,業務人員有時候也會帶策略企劃、創意人員一起出席、聆聽,以 確實掌握廣告客戶的需求訊息。

● 廣告客戶向廣告公司人員說明廣告製作需求的五大重點 ●

1 此次廣告宣傳的目標與目的。

2 此次廣告的
(1) 內容方向。
(2) 主力訴求點。
(3) 代言人。
(4) 傳播主軸。
(5) 產品特色。

3 公司概況及簡介,以及過去是否做過哪些廣告,及其方式、成效等。

4 對市場與同業競爭狀況做簡要分析。

5 說明此波廣告及年度廣告預算有多少?以及運用哪些媒體廣告?

步驟 (3)：廣告公司召開內部會議

　　之後，廣告公司即會針對此客戶組成專案，並召集業務人員、創意人員、策略企劃人員等組成小組，共同討論此客戶的廣告策略及廣告提案內容架構。

廣告公司三部門共同開會討論對客戶的創意提案內容
（分工合作）

1 │ 業務部門

負責轉達客戶的現況、需求、目的及市場狀況。

2 │ 創意部門

負責廣告創意的策略、方向、訴求、主張、表現、代言人、腳本內容、秒數等。

3 │ 策略企劃部門

負責消費者洞察、市場調查、行銷策略、品牌競爭、市場趨勢及產品力分析。

・成功做好對廣告客戶的提案，一次就成功定案！

步驟 (4)：創意策略

　　客戶想要聽的，主要是「創意提案」；因此，此時創意部門負責此案的專責人員，就必須發想電視廣告片的創意主軸、創意表現、創意腳本（20 秒／30 秒）、表演人員、拍攝特色、主力訴求點等，展開提案撰寫。

步驟 (5)：向廣告主（客戶）正式提案

　　接著，在 1~2 週之後，廣告公司業務人員及創意人員就會到客戶公司，正式向客戶做簡報提案。此會議上，客戶端出席人員包括行銷部人員、業務人員及高階主管等，共同出席聆聽及簡報後的互動討論與尋求共識。

廣告公司創意提案應包括的完整內容要點

1 市場與行銷策略面

(1) 市場與產品面分析
(2) 競爭品牌投放廣告量分析
(3) 主力三大品牌競爭分析
(4) 自身產品力分析及 SWOT 分析

2 廣告片 TVCF 創意提案面

(1) 此次創意策略與方向
(2) 此次主力訴求點及廣告主張
(3) 此次傳播主軸核心
(4) 藝人代言人建議
(5) 廣告秒數建議
(6) 廣告片腳本與故事
(7) 拍攝特色及地點選擇
(8) TVCF 呈現的調性
(9) 導演建議

步驟 (6)：修正後正式定案

在經過修正後，廣告公司人員可能會第二次到客戶端公司去做修正簡報；待客戶端完全同意提案後，即告正式完成且定案。爾後，廣告的拍攝，即按此次定案會議內容展開製拍。

步驟 (7)：展開拍攝 TVCF

此時，廣告公司會找他們過去合作良好的製作公司或製拍工作室，雙方共同開會，討論此次電視廣告片的拍攝內容及時程。此後的工作，大部分就由專業的製作公司負起責任，花費大約 3 ～ 4 週時間，要完成電視廣告片的製拍及完成 TVCF 片子的交付。

步驟 (8)：交片子給客戶看，並做修正

片子拍完之後，廣告公司就會攜帶片子到客戶端公司去觀看及討論，看是否還要修正哪裡。若有修正時，廣告公司還會帶回去給製作公司進行修正，修正完成後，會第二次再拿到客戶公司去觀看，直到客戶端公司完全認同、同意，此時便完成片子了。

步驟 (9)：準備安排上電視播出

此時，客戶端必須另找媒體代理商，規劃電視播出的媒體企劃案及媒體採購

播放價格是多少。客戶確定之後，準備 1 ～ 2 週後，電視媒體會正式播放此支廣告片了。

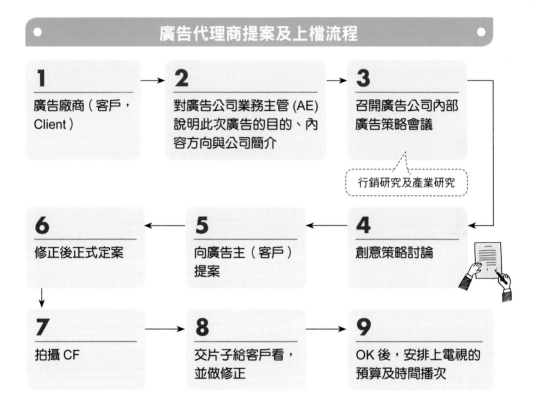

除上述步驟說明外，也有如下圖所示的 10 項步驟，大致與前面所述類似，可供參考比較。

品牌廠商處理電視廣告作業流程 10 步驟

Step 1
廠商有廣告製拍行銷需求，並與廣告代理商聯絡。

Step 2
廣告代理商赴廠商處聽取需求簡報。

Step 3
廣告代理商了解需求後，回公司討論及分工，即準備對廠商客戶的廣告企劃提案。

> **簡報內容**
> 策略、腳本、分鏡畫面、代言人選擇及導演聘請；必要時，導演也會出席。

Step 4
準備完成後，即赴廠商客戶處做 簡報 、討論及修改。

Step 5
經修改後，第二次廣告創意提案，討論並定案腳本、畫面、代言人 、討論 TVCF 製拍費用（每支約 200 ～ 300 萬元之間）。

> 代言人費用約100～1,000萬元之間。

Step 6
導演展開拍攝，約需 2 週 ~1 個月 A 拷帶 TVCF 完成。

Step 7
廣告代理商攜帶 A 拷帶到廠商客戶處播放，討論及確認修改地方。

Step 8
導演經修改後，B 拷帶完成，給客戶看過並討論，確定 OK 完成。

Step 9
準備依媒體代理商所提出的電視廣告播出時間表（Cue 表）上檔播出。

Step 10
播出 1 週後，馬上由廠商客戶、廣告代理商及媒體代理商展開效益評估。

END

1-8 廣告預算決定方法

廠商廣告預算的決定方式 (Deciding the Advertising Budget) 大致五種，即年營收比例法、競爭對手比較法、目標達成法、長期投資法，以及市占率法，說明如下：

(一) **依年營收比例法**：此法是比較常用的方法，亦即，廣告預算是依照年度營收額乘上某個比例而得出的。

1. 案例

    (1) 茶裏王飲料：

    年營收 20 億 × 2% = 4,000 萬廣告預算

    (2) 林鳳營鮮奶：

    年營收 30 億 × 2% = 6,000 萬廣告預算

    (3) 統一超商 CITY CAFE：

    年營收 130 億 × 0.4% = 5,200 萬廣告預算

    (4) 桂冠湯圓、火鍋料：

    年營收 24 億 × 2% = 4,800 萬廣告預算

    (5) 和泰 (TOYOTA) 汽車：

    年營收 1,000 億 × 0.3% = 3 億元廣告預算

    (6) 純濃燕麥：

    年營收 10 億 × 6% = 6,000 萬廣告預算

    (7) 麥當勞：

    年營收 150 億 × 2% = 3 億元廣告預算

    (8) 花王全系列產品：

    年營收 100 億 × 2% = 2 億元廣告預算

    (9) Panasonic 全系列產品：

    年營收 250 億 × 2% = 5 億元廣告預算

2. 比例區間

    一般來說，依照年營收比例法的比例範圍，大致在 1 ～ 6% 之間最常見。但要看該公司：(1) 該品牌營業額的大小，(2) 市場競爭狀況，(3) 各行業性質的不同，和 (4) 過去幾年投放預算的效益狀況等四項因素而定。

廣告預算占年營收額 1 ～ 6% 之間

年度廣告預算
多少？

· 依照廠商年度營收額的 1 ～ 6% 區間！
（至少 3,000 萬～ 3 億元廣告投放）

廣告預算占年營收多少比例的決定四要素

1 看該品牌營業額的大小決定

2 看過去幾年，平均投放預算的效益狀況決定

3 看各行業的性質不同而決定

4 看市場競爭激烈的狀況決定

3. 為何使用此法

　　依照此法的原因，就是從這個比例中，廠商可以看出，如果調高這個比例，就會減少獲利所得，因此，它會固定在某一個比例，以守住獲利率及獲利額。

(二) 依競爭對手比較法：第二種決定廣告預算的方法，即是依據競爭對手的廣告預算而決定自身品牌的廣告預算。

1. 案例

　　冷氣機第一品牌日立冷氣每年投入廣告預算為 1 億元，因此，位居第二名的大金冷氣，亦以此第一品牌競爭對手為對象，也投入每年約 1 億元廣告預算，互相爭戰拚鬥市占率地位。

2. 為何採用此法

　　採用此法的原因，主要是要看主力競爭對手投入多少廣告預算而機動應變，不能輸在廣告預算上。這也是很實際且務實的做法。如果有第二名品牌投入大量廣告預，想要超越市場第一品牌時，此時，第一品牌就要採取應變而增加廣告預算了。

廣告預算多少，要依主力競爭對手狀況而決定

年度廣告預算
投入多少？

- 依主力競爭對手比較法而決定
- 不能差主力競爭對手太遠，
  甚至要超越它
- 要機動、彈性決定

- 光陽機車 vs. 三陽機車
- 瑞穗鮮奶 vs. 林鳳營鮮奶
- 日立冷氣 vs. 大金冷氣
- 賓士汽車 vs. BMW 汽車

(三) 依某種特殊目標達成法

1. 意義

此法即廠商依據自己訂定的各種目標，而要達成此目標時，應投入多少廣告預算。此種方法與前述二種方法有所不同。

2. 各種目標

(1) 可能是廠商為拉高新品牌的市場知名度；

(2) 可能是為搶進市場前二名市占率；

(3) 可能是為提高品牌的好感度；

(4) 可能是為達成年度某個業績成長率等各種原因。

3. 案例

例如金車柏克金新啤酒上市，該品牌因為沒有知名度，因此，初期一年內投入 6,000 萬元廣告預算，希望達成提高它在啤酒市場知名度的主力目標。

(四) 依市占率法

第四種方法，即廠商依照市占率排名狀況而投入廣告預算。例如，機車品牌的前三名，依序為光陽、三陽及山葉機車；而此三品牌的廣告投入預算，也依照其市占率 30% : 25% : 20% 而投入該金額的廣告預算。

(五) 依長期投資法

　　第五種方法，是說廠商有自己長遠打造品牌資產的想法，不以短期眼光來看待。因此，以五年、十年、二十年的長期眼光，有次序、有步驟、有遠見的投入某些額度的廣告預算，希望能夠長期經營成功這個品牌。

二、新產品廣告預算如何決定

　　前面所提的，都是既有產品的廣告預算決定方法，大致都有跡可循、有脈絡可遵循；但對新產品或新品牌上市，在沒有先例狀況下，該如何決定廣告預算？新產品廣告的預算有二個基本觀念：

1. 有知名度才有銷售：第一個觀念，即是新產品因為沒有市場知名度，因此，初期的銷售業績可能都不會好，因此一定要挪出一些廣告預算，才能逐步打響此新產品。要記住，產品一定是先要有知名度，才會帶出業績來。

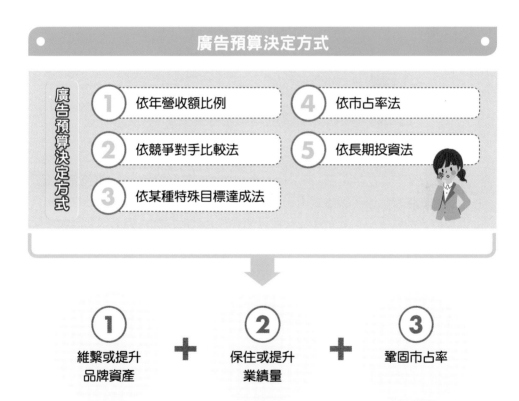

廣告預算決定方式

廣告預算決定方式

1 依年營收額比例

2 依競爭對手比較法

3 依某種特殊目標達成法

4 依市占率法

5 依長期投資法

1 維繫或提升品牌資產 ＋ 2 保住或提升業績量 ＋ 3 鞏固市占率

新產品上市，必須先有足夠知名度，才會有好的銷售量

新產品上市 ➡ 必要強打廣告，才會有好的銷售量

 例如

原萃綠茶、桂格燕麥飲、禾聯電視機、
Dyson 吸塵器、Dyson 吹風機、舒酸定牙膏、
Panasonic 家電、麥當勞新口味漢堡、娘家
滴雞精等。

· 強打廣告
· 拉升品牌知名度
· 才能有好的銷售業績

2. 新產品第一年必然虧錢：第二個觀念，即是新產品在第一年、甚至第二年，
   因為先期投入不少廣告費用，但銷售量又還沒有全面提升，因此在支出大
   於收入的狀況下，此新產品初期可能會是必然虧損的，但必須要忍耐。

1-9　整合行銷溝通七個程序

一個完整的行銷廣告溝通程序，可以細分為如下七個程序步驟：

一、確定目標消費者族群

行銷傳播溝通的第一步，就是要先確定此次溝通活動的目標消費族群 (TA, Target Audience) 是誰？才能有效、精準的打中目標對象，達成傳播溝通使命。因為目標 TA 的不同，也會影響到傳播溝通內容的不同。

二、決定溝通目標與任務

第二步，即是要決定此次溝通活動的目標與任務為何？是要提高品牌知名度？印象度？或是要鞏固市占率？或是要提高業績？或是要改變消費者的認知？目標與任務的不同，也會影響到溝通操作方法的不同。

三、設計溝通傳播訊息及內容

第三步，即要進行對傳播溝通訊息及內容的設計規劃。如果是電視廣告片，就要設計規劃短短 20 秒／30 秒廣告片，要呈現出哪些畫面、有哪些對話、主角要用誰、音樂如何配合等。如果是平面廣告稿，也要考慮如何布局及如何設計，以吸引消費者注意觀看。

四、選擇溝通媒體通路

第四步，即要選擇傳播溝通媒介通路，讓這些廣告訊息內容，可以曝光出去，並呈現在消費者的眼前，進而希望能夠影響到消費者的認知與看法、想法。希望能選擇正確的媒體通路，才能夠精準的打中目標客群，發揮「精準行銷」的作用。

五、決定總廣告預算

第五步，即要決定此次廣宣活動或推廣活動的總預算要花多少錢？有多少錢可以花？預算的多或少，自然影響到整個廣宣活動規劃與聲勢的大小。例如，有 5,000 萬元的預算，跟只有 1,000 萬元的預算，兩者差距就很大，總體廣宣活動的呈現也會差很大。

六、推廣組合運用的決定

預算決定之後，接著就可以決定有哪些推廣組合可以運用。所謂推廣組合

(Promotion Mix)，即是包括：(1) 電視廣告、(2) 網路廣告、(3) 戶外廣告、(4) 社群媒體行銷、(5) 體驗活動、(6) 記者會／發布會、(7) 媒體公關報導、(8) 促銷折扣活動、(9) 集點行銷、(10) 網紅行銷。

七、評估推廣執行後之成效

最後一個步驟，即是針對各種操作執行後，了解並評估其執行成效究竟如何？如果能達成既定目標與任務，那就代表執行成果良好，若無法達成目標及任務，那就代表執行成果不佳，必須儘快修正原訂計畫與方法，重新再出發、重新再調整策略與方向，以求得良好的成效出現。

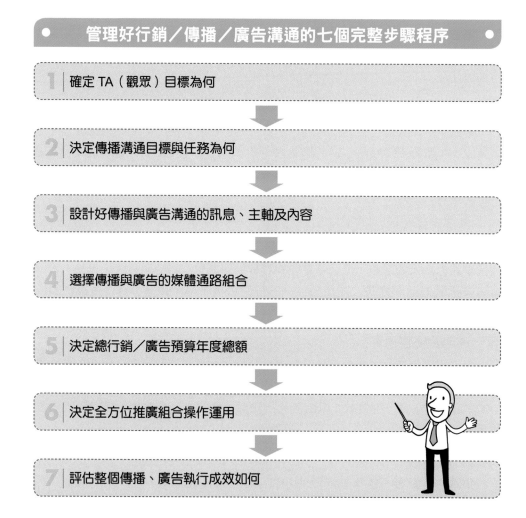

管理好行銷／傳播／廣告溝通的七個完整步驟程序

1 確定 TA（觀眾）目標為何

2 決定傳播溝通目標與任務為何

3 設計好傳播與廣告溝通的訊息、主軸及內容

4 選擇傳播與廣告的媒體通路組合

5 決定總行銷／廣告預算年度總額

6 決定全方位推廣組合操作運用

7 評估整個傳播、廣告執行成效如何

一、國內綜合大型廣告公司一覽表

　　根據最新一期《動腦雜誌》所調查的國內綜合廣告公司，共計 20 家、30 人以上中、大型廣告公司，如下表所示。不過此調查表仍有缺漏，例如：李奧貝納、智威湯遜、宏將、彥星等知名前十大廣告公司仍未在此次調查表中。不過，此次調查仍值得參考。下表為國內比較知名且大型的廣告公司：

國內綜合大型廣告代理商一覽表

項次	公司名稱	員工人數	電話
1	奧美廣告集團	500 人	7745-1688
2	雪花集團	119 人	2358-7667
3	ADK 臺灣	105 人	8712-8555
4	台灣電通	176 人	2506-9201
5	電通國華	112 人	2528-5977
6	台灣博報堂	103 人	2545-6622
7	靈智精實集團	210 人	2718-5558
8	格帝集團	80 人	7707-1014
9	第一企劃行銷	112 人	6603-8588
10	聯廣集團	200 人	2627-8806
11	偉門智威	210 人	2766-1000
12	BBDO 黃禾	70 人	8786-6788
13	展望廣告	68 人	2568-1888
14	我是大衛	72 人	7719-6658
15	艾斯傳媒	50 人	2627-0368
16	台灣麥肯集團	80 人	2758-5000
17	偉太廣告	35 人	2392-2211
18	博上廣告	37 人	2516-8156

項次	公司名稱	員工人數	電話
19	太笈策略	30 人	6605-0808
20	華得廣告	33 人	3741-1136

（資料來源：整理自《動腦雜誌》，2021 年 5 月）

另外，下表為 2019 年度國內前 20 大廣告代理商排名：

2019 年廣告代理商排行榜（前 20 名）

2019 排名	公司名稱	2019 年度毛收入（萬元）
1	李奧貝納 Leo Burnett	55,045
2	奧美 Ogilvy & Mather	54,208
3	聯廣傳播集團 United	44,941
4	台灣電通 Dentsu	36,363
5	智威湯遜 JWT	31,400
6	麥肯 MeCann	30,184
7	聯旭 ADK	29,120
8	靈智精實 HAVAS	28,000
9	BBDO 黃禾	27,518
10	雪芃設計 Shape	25,000
11	第一企劃 Cheil	24,500
12	電通圓華 Dentsu K	24,000
13	博報廣告 HAKUHODO	21,069
14	恆美 DDB	18,458
15	太笈策略 Toplan	18,211
16	達一廣告 HSU	18,112
17	偉門整合行銷 Wunderman	17,000
18	博上 The A Team	16,200
19	展望廣告 LOOK	15,200
20	華得廣告 Target	14,829

（資料來源：《動腦雜誌》）

國內前十大知名且大型廣告代理商排名

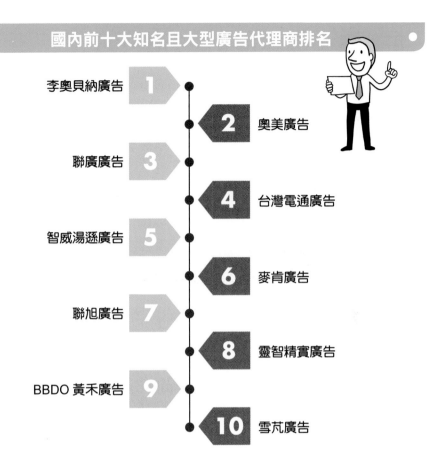

李奧貝納廣告　**1**

　2　奧美廣告

聯廣廣告　**3**

　4　台灣電通廣告

智威湯遜廣告　**5**

　6　麥肯廣告

聯旭廣告　**7**

　8　靈智精實廣告

BBDO 黃禾廣告　**9**

　10　雪芃廣告

根據 MBA 智庫百科 (http://wiki.mbalib.com) 的資料顯示，全球前十大廣告公司的排名資料，如下所述：

一、奧姆尼康 (Omnicom) ——全球規模最大的廣告與傳播集團

- 全球廣告業收入排名：第一位。
- 下屬主要公司：天聯廣告 (BBDO)、恆美廣告 (DDB)、李岱艾、浩騰媒體。

二、Interpublic ——美國第二大廣告與傳播集團

- 全球廣告業收入排名：第二位。
- 下屬主要公司：麥肯・光明、靈獅、博達大橋、盟諾、萬博宣偉公關、高誠公關。

三、WPP ——英國最大的廣告與傳播集團

- 全球廣告業收入排名：第三位。
- 下屬主要公司：奧美 (Ogilvy & Mather, O&M)、智威湯遜 (J. Walter Thompson, JWT)、電揚、傳力媒體、尚揚媒介、博雅公關、偉達公關。
- 智威湯遜：品牌創建為先。
- 奧美整合傳播：業務眾多的「360 度品牌管家」。
- 奧美環球 (Ogilvy & Mather Worldwide) 於 1948 年由「現代廣告之父」大衛・奧格威 (David Ogilvy) 在紐約始創。

四、陽獅集團——法國最大的廣告與傳播集團

- 全球廣告業收入排名：第四位。
- 下屬主要公司：陽獅中國、盛世長城、李奧貝納公司、實力傳播、星傳媒體。

五、電通——日本最大的廣告與傳播集團

- 全球廣告業收入排名：第五位。
- 下屬主要公司：電通傳媒、電通公關。

六、哈瓦斯——法國第二大廣告與傳播集團

- 全球廣告業收入排名：第六位。

．下屬主要公司：靈智大洋、傳媒企劃。

七、精信環球──最具獨立性的廣告與傳播集團

．全球廣告業收入排名：第七位。

．下屬主要公司：精信廣告、Grey Direct、GCI、領先媒體、安可公關。

八、博報堂──日本最具創意的廣告集團

．全球廣告業收入排名：第八位。

．下屬主要公司：博報堂廣告──是日本排名第二的廣告與傳播集團，也是日本歷史最久的廣告公司。

九、Cordiant ──全球第九大廣告集團

．全球廣告業收入排名：第九位。

．下屬主要公司：達比思廣告。

十、旭通──日本第三大廣告與傳播集團

．全球廣告業收入排名：第十位。

．下屬主要公司：旭通廣告、ADK 歐洲。

1-12 臺灣 11 個廣告與傳播集團組成明細

根據國內《動腦雜誌》所調查的臺灣行銷、廣告、傳播集團組成明細,包括如下(2021 年度):

一、WPP 集團

(一) 臺灣奧美集團

　　1. 奧美廣告

　　2. 奧美行銷

　　3. 奧美公關

　　4. 世紀奧美公關

　　5. 達彼思廣告

　　6. 我是大衛廣告

(二) 群邑集團

　　1. 傳立媒體代理商

　　2. 媒體庫媒體代理商

　　3. 競立媒體代理商

(三) 偉門智威廣告

(四) 凱度市調、洞察

二、奧姆尼康集團 (Omnicom)

(一) 宏盟媒體集團

　　1. 浩騰媒體代理商

　　2. 奇宏策略媒體代理商

(二) BBDO 黃禾廣告

三、Publics 集團

(一) 李奧貝納集團

　　1. 李奧貝納廣告

　　2. 上奇廣告

　　3. 陽獅廣告

　　4. 雙向明思力公關

（二）陽獅媒體集團

    1. 星傳媒體代理商

    2. 實力媒體代理商

    3. 博豐數位媒體代理商

四、IPG 集團

（一）邁肯廣告

（二）浩森廣告

（三）高誠公關

（四）萬博宣傳公關

（五）艾比傑媒體代理商

五、Havas 集團

（一）靈智廣告

（二）方略廣告

（三）靈智精實行銷

（四）漢威士媒體

六、ADK 集團

（一）太一廣告

（二）ADK 廣告

（三）聯旭廣告

七、電通集團（日本最大廣告集團）

（一）台灣電通廣告

（二）電通國華廣告

（三）貝立德媒體代理商

（四）偉視捷媒體代理商

（五）凱絡媒體代理商

（六）安索帕數位

（七）新極現廣告

八、格威傳媒集團

（一）聯廣集團

    1. 聯廣廣告

2. 聯眾廣告

3. 聯勤公關

4. 艾斯廣告

(二) 米蘭營銷

(三) 先勢公關集團

(四) 光洋波斯特展覽

九、台灣博報堂集團

(一) 臺灣博報堂廣告

(二) 博報堂知達媒體

(三) 2008 傳媒

十、宏將集團（臺灣最大本土廣告公司）

(一) 宏將廣告

(二) 佳聖媒體

(三) 多利安經紀

(四) 展將數位

(五) 上海宏將廣告

十一、精英公關集團（臺灣最大公關集團）

(一) 精英公關

(二) 經典公關

(三) 精采公關

(四) 楷模公關

(五) 精華公關

國內主要傳播、廣告、公關集團公司明細

1 WPP 集團
(1) 奧美廣告
(2) 奧美行銷
(3) 奧美公關
(4) 我是大衛廣告
(5) 傳立媒體
(6) 競立媒體

2 奧姆尼康集團
(1) 浩騰媒體
(2) 奇宏媒體
(3) BBDO 黃禾廣告

3 Publics 集團
(1) 李奧貝納廣告
(2) 上奇廣告
(3) 陽獅廣告
(4) 星傳媒體
(5) 實力媒體
(6) 雙向明思力公關

4 IPG 集團
(1) 麥肯廣告
(2) 艾比傑媒體
(3) 高誠公關
(4) 萬博宣傳公關

5 Havas 集團
(1) 靈智廣告
(2) 靈智精實行銷

6 電通集團
(1) 台灣電通廣告
(2) 電通國華廣告
(3) 貝立德媒體
(4) 凱絡媒體代理商
(5) 偉視捷媒體
(6) 安索帕數位
(7) 新極現廣告

7 格威傳媒集團
(1) 聯廣廣告
(2) 聯眾廣告
(3) 聯勤公關
(4) 先勢公關
(5) 米蘭營銷

8 臺灣博報堂集團
(1) 台灣博報堂廣告
(2) 2008 傳媒

9 宏將集團
(1) 宏將廣告
(2) 佳聖媒體
(3) 多利安經紀

10 ADK 集團
(1) 太一廣告
(2) ADK 廣告
(3) 聯旭廣告

11 精英公關集團
(1) 精英公關
(2) 經典公關
(3) 楷模公關

1-13 國內主要廣告主及廣告行業排名

一、國內前 16 大廣告主年度廣告量排名（2020 年）

排名	廣告主（廠商）	年度廣告量
1	民視（娘家）	6.7 億
2	桂格食品	5.8 億
3	三得利（日本）保健食品 (Suntory)	5.8 億
4	普拿疼、伏冒	4.1 億
5	統一企業	3.9 億
6	P&G 寶僑食品	3.8 億
7	臺灣麥當勞	3.4 億
8	臺灣松下 (Panasonic)	3.4 億
9	和泰汽車 (TOYOTA)	2.8 億
10	白蘭氏	2.6 億
11	花王臺灣	2.5 億
12	聯合利華	1.9 億
13	光陽機車	1.9 億
14	全聯超市	1.9 億
15	統一超商	1.6 億
16	臺灣日立家電	1.6 億

二、國內前十大廣告主行業分析

根據尼爾森媒體大調查，國內在 2020 年度，廣告主在五大媒體（電視、報紙、雜誌、廣播、戶外）所投放的年度廣告量，前十大行業依序如下表：

排名	行業別	年廣告量
1	醫藥、保健	57 億
2	建築	24 億
3	其他類	21 億
4	汽車／機車	21 億
5	3C 及手機	20 億
6	服務業	17 億
7	文康業	14 億
8	影劇媒體	14 億
9	食品、飲料	13 億
10	化妝保養品	12 億

排名	企業名稱	合計	排名	企業名稱	合計
1	佳格食品（股）公司	1,669,510	25	愛之味（股）公司	276,284
2	臺灣三得利（股）公司	1,100,991	26	臺灣雀巢（股）公司	270,476
3	臺灣麥當勞餐廳（股）	781,189	27	德恩奈國際（股）公司	262,310
4	荷商葛蘭素史克藥廠	687,432	28	臺灣山葉機車工業	255,452
5	聯合利華（股）公司	683,219	29	臺灣曼秀雷敦（股）	255,036
6	和泰汽車（股）公司	672,057	30	維他露食品（股）公司	253,532
7	臺灣花王（股）公司	605,009	31	臺灣速霸陸（股）公司	252,938
8	台松電器販賣（股）	581,842	32	瓏山林事業（股）公司	247,736
9	統一企業（股）公司	563,094	33	臺灣三星電子（股）	245,587
10	全聯福利中心	548,582	34	汎德（股）公司	238,630
11	全民電視臺（股）公司	462,491	35	臺灣萊雅（股）公司	231,728
12	統一超商（股）公司	435,479	36	日立家電（股）公司	226,266
13	裕隆汽車製造（股）	411,581	37	聯邦商業銀行（股）	221,028
14	好來化工（股）公司	395,627	38	臺灣惠氏（股）公司	219,579
15	臺灣菸酒（股）公司	389,135	39	愛山林建設公司	216,424
16	光陽工業（股）公司	378,159	40	美商華納兄弟（遠東）	215,814
17	臺灣食益補（股）公司	373,818	41	大法貿易有限公司	214,793
18	瓏山林營建（股）公司	371,180	42	大裕藥業（股）公司	210,965
19	臺灣日立綜合空調	371,171	43	巴拿馬商帝亞吉歐	207,633
20	寶僑家品（股）公司	349,040	44	聯華食品工業（股）	205,978
21	保力達（股）公司	332,336	45	全國電子（股）公司	202,856
22	興富發建設（股）公司	304,856	46	臺灣百勝肯德基（股）	202,111
23	中華汽車工業（股）	297,676	47	香港商安佳（遠東）	198,678
24	屈臣氏個人用品商店	281,549	48	品爵汽車（股）公司	197,854

排名	企業名稱	合計	排名	企業名稱	合計
49	第五大道建設有限公司	196,678	55	耐斯企業 (股) 公司	184,181
50	美商亞培 (股) 公司	192,277	56	法徕麗國際 (股) 公司	182,913
51	三洋藥品工業 (股)	191,752	57	京都念慈菴藥廠 (股)	182,047
52	瓏山林房產 (股) 公司	187,663	58	嬌聯 (股) 公司	180,427
53	臺灣武田藥品工業	186,813	59	金車 (股) 公司	180,162
54	太古可口可樂 (股)	184,285	60	黑松 (股) 公司	178,068

（資料來源：《中華民國廣告年鑑》，2020 年）

依據上表來看，國內每年廣告金額支出最多的前二十大廣告主（廠商），依序如下排名：

第一大：佳格食品公司，即桂格品牌（年廣告量 16.6 億元）。

第二大：臺灣三得利公司，日商保健食品公司（年廣告量 11 億元）。

第三大：臺灣麥當勞公司（年廣告量 7.8 億元）。

第四大：荷商葛蘭素史克藥商，即伏冒、普拿疼、肌力品牌（年廣告量 6.8 億元）。

第五大：聯合利華公司，即 LUX 麗仕、多芬、白蘭等品牌（年廣告量 6.8 億元）。

第六大：和泰汽車公司，即 TOYOTA 汽車品牌（年廣告量 6.7 億元）。

第七大：臺灣花王公司，即花王及 BIORE 品牌（年廣告量 6 億元）。

第八大：台松電器公司，即 Panasonic 品牌（年廣告量 5.8 億元）。

第九大：統一企業（年廣告量 5.6 億元）。

第十大：全聯超市（年廣告量 5.4 億元）。

第十一：民視，即娘家滴雞精、益生菌品牌等（年廣告量 4.6 億元）。

第十二：統一超商，即 7-11（年廣告量 4.3 億元）。

第十三：裕隆汽車公司（年廣告量 4.1 億元）。

第十四：好來化工公司，即黑人牙膏（年廣告量 3.9 億元）。

第十五：臺灣菸酒公司，即台啤品牌（年廣告量 3.8 億元）。

第十六：光陽機車公司（年廣告量 3.7 億元）。

第十七：臺灣食益補公司，即白蘭氏品牌（年廣告量 3.7 億元）。

第十八：瓏山林建設公司（年廣告量 3.7 億元）。

第十九：臺灣日立公司，即臺灣日立冷氣品牌（年廣告量 3.7 億元）。

第二十：P&G 臺灣寶僑公司，即飛柔、海倫仙度絲、潘婷、SK-II、幫寶適、
好自在等品牌（年廣告量 3.49 億元）。

每年廣告額支出最多的前 20 大廣告主品牌

1	桂格、天地合補（16.6 億）	11	娘家滴雞精、益生菌（4.6 億）
2	三得利（11 億）	12	統一超商、CITY CAFE（4.3 億）
3	麥當勞（7.8 億）	13	裕隆汽車（4.1 億）
4	伏冒、普拿疼、肌力（6.8 億）	14	黑人牙膏（3.9 億）
5	LUX、多芬、白蘭（6.8 億）	15	台啤（3.8 億）
6	TOYOTA 汽車（6.7 億）	16	光陽機車（3.7 億）
7	花王、BIORE（6 億）	17	白蘭氏（3.7 億）
8	Panasonic（5.8 億）	18	瓏山林建設（3.7 億）
9	瑞穗、陽光豆漿、AB 優酪乳、統一泡麵（5.6 億）	19	日立冷氣、日立家電（3.7 億）
10	全聯超市（5.4 億）	20	飛柔、海倫仙度絲、幫寶適、SK-II（3.49 億）

 # 1-15 媒體廣宣的四大戰略面向

從最高的戰略面向來看，一個大型的媒體廣宣傳播，主要有四個面向要做好，如下所示：

一、行銷戰略四大目標

終極來説，行銷的戰略目標，就是要獲得及達成下列四項：

1. 達成營收、業績目標。
2. 達成獲利、賺錢目標。
3. 達成鞏固及提高市占率目標。
4. 達成品牌資產不斷累積及強化。

二、溝通傳播戰略

廠商品牌端客戶希望達成他們在消費者心目中，有下列三件事：

1. 要提高消費者對該品牌的良好認知度、優良形象度。
2. 要提高對該品牌的知名度及好感度。
3. 要提高對該品牌的購買意向度及實際購買率。

三、創意戰略

接下來，實際工作時，第一個要重視的是廣告片或廣告稿方面的創意戰略；希望廣告公司及委外製作公司能夠做出一支叫好又叫座的成功廣告片 (TVCF)，並且將品牌的印象深烙在消費者內心深處，成就對該品牌的「心占率」。

四、媒體戰略

最後，第四個面向，要做好的是媒體戰略；如何透過正確且精準的媒體選擇、媒體組合及媒體比率的運作，能以最大曝光率呈現在目標客群的眼睛裡，而產生最佳的的媒介傳播效果。

媒體廣宣的四大戰略面向

1 行銷戰略

行銷目標（營收額、
獲利、市占率、
品牌資產）

2 溝通戰略

溝通目標（品牌認知度、
廣告認知度、購入
意向度等）

4 媒體戰略

媒體目標
Reach、Frequency 等
（觸及率及頻次）

媒體規劃策略

媒體具體計畫及
實際完成播放

3 創意戰略

・製作廣告 CF
・叫好又叫座的廣告 CF

1-16 如何選擇正確的廣告代理商 六原則

景氣復甦的綠燈接連亮起,許多廣告主對即將到來的復甦開始摩拳擦掌,此刻,正是廣告主尋找品牌夥伴的重要時機。而在臺灣廣告代理業之運作已日臻成熟的此刻,廣告主是否有更聰明、更有效益的方法來尋找品牌專家,好降低以往必須耗費高成本、卻不見得有具體效益的「比稿」決策模式所帶來的錯誤風險?

對於如何聰明地選擇品牌夥伴,有以下觀點分享:

一、以尋找「事業夥伴」的觀點,來選擇廣告代理商 (Business-Partner)

在行銷計畫裡,能提供整合行銷傳播服務的廣告公司,無疑地,將在廣告主與消費者的溝通過程中,扮演最吃重的角色,以尋找「事業夥伴」的觀點來取代上下游廠商的觀點,能幫助你找到同舟共濟、一起拓展市場的夥伴。

二、善用廣告公司「品牌打造」的專業

無國界時代的來臨,企業如想要永續經營,不能再將眼光侷限於單一市場,必須以國際化競爭的視野來看待自身產品,「品牌資產」的打造及累積,將會讓你的銷售成長事半功倍,因而,廣告公司「品牌打造」的專業,將為你的企業加值。

三、釐清自身的行銷需求

對自身的行銷需求做詳細討論及清楚設定,並與廣告代理做充分的溝通,準確的需求界定,能讓你的事業夥伴目標意識更為清晰且一致。

四、多方蒐集相關廣告代理公司的資訊

事先蒐集廣告代理的經營理念、Know-how 規模、對產業的熟悉度、在業界口碑、成功案例等,有助於下一階段的洽談。而在業界探聽其風評、觀察其過往作品表現,及從專業的報章雜誌蒐集,可協助你獲得相當的資訊。

五、以面談甄選取代比稿

面談能進一步了解合作團隊的品牌理念、特質、人才組成及溝通模式,而想要找到想法一致、對客戶壓力能感同身受的夥伴,面談往往比比稿更具實質效益。

六、提供合理的專業價格，並給予鼓勵與尊重

　　廣告公司是提供服務的行業，提供合理的價格，將有助於找到更多優秀人才，經常地鼓勵與尊重，會讓這些專業人才為你的產品鞠躬盡瘁。

如何選擇正確廣告代理商的六項原則

1 以尋找事業夥伴觀點來選擇廣告代理商

2 善用廣告公司品牌打造的專業

3 確定自身的行銷需求

4 多方蒐集相關廣告公司的資訊

5 以面談甄選取代比稿

6 提供合理專業價格並給予鼓勵與尊重

1-17　五大傳統媒體廣告量已下跌到 303 億

　　依據尼爾森廣告量統計調查，顯示五大傳統媒體廣告量（電視、報紙、雜誌、廣播、戶外），已從 2015 年的 416 億元，下滑到 2019 年的 303 億元，短短 4 年內，五大傳媒廣告量已減少 100 億元之多。其中，電視下滑 5%，報紙衰退 16.3%，雜誌衰退 15%。如下表：

五大傳統媒體廣告量（2019 年度）

電視	報紙	雜誌	廣播	戶外	合計
200 億	30 億	18 億	15 億	40 億	303 億

1-18 國內廣告主對廣告代理商、媒體代理商及公關公司的建議

一、廣告主對「廣告代理商」的建議

1. 長期策略思考上,希望能有更明確的主張與建議。
2. 希望能夠節省製作經費。
3. 成本控制及時效性應再加強。
4. 創意與預算應能平衡。
5. 服務團隊應更穩定,素質也希望再提升。
6. 希望能以提案團隊實際執行作業。
7. 應再深入了解客戶的策略需求。
8. 須了解商品的目標。
9. 維持團隊的穩定度與專業性。
10. 製作物執行力方面應再加強。
11. 策略能力要再加強。
12. 主動提案的積極性欠缺。
13. 與客戶溝通不足,以致不理解客戶需求。
14. 期待創意能再突破。
15. 行銷策略的建議與規劃著墨較深,但與創意的連結度有差距。
16. 對商品行銷方案之好感度及新鮮感仍須加強。

二、廣告主對「媒體代理商」的建議

1. 創意及策略思考方面,還有進步的空間。
2. 能在規劃執行力等方面再加強。
3. 能注意 GRP 的目標達成率以及一些非大眾媒體的議價優勢。
4. 可以提早介入行銷策略的作業程序。
5. 提升新進人員的策略判斷力。
6. 協調媒體間的競爭,以降低客戶直接承受媒體壓力的程度。
7. 掌控媒體排程的彈性,以免影響後續優惠成本的價格。
8. 能針對不同產品線,在媒體策略與運用建議上可以更有創意。
9. 可以再多研究如何降低 CPRP。
10. 媒體購買成本的控制。

對廣告代理商其中的五項建議

① 應再深入了解客戶的策略需求

② 須更了解商品的目標

③ 須維持工作團隊的穩定度及專業性

④ 希望能節省影片製作經費

⑤ 希望能有更明確的主張及建議

廣告主對媒體代理商的其中五項建議

1 在媒體策略與運用建議上，可以更有創意

2 加強對媒體購買成本的控制

3 再多研究如何降低電視廣告 CPRP 的成本

4 在規劃執行力方面再加強

5 對媒體創意及媒體策略思考上，有再進步空間

三、廣告主對「公關公司」的建議

1. 如果收費可以再低一點會更好。
2. 希望能深入了解廣告主每次行銷活動的目標，深度溝通了解專業與實際的差異性，才能達到雙贏的效果。
3. 成本及時間的掌控還可以再加強。
4. 可以再多一些創意思考及執行方式。
5. 希望能有更多的創意及創造議題的能力。
6. 溝通過程及時效掌握度再精準些會更好。
7. 多重目標的設定，有時無法達到預定的活動效益。
8. 活動創意還有進步的空間。
9. 對於執行細節希望能更謹慎及專注。
10. 希望能與客戶深度溝通，並注意個案的時效掌控。

廣告主對公關公司的其中五項建議

1 活動創意還有進步的空間

2 如果對執行細節再用心，那就相當完美了

3 收費希望再低一些

4 對於執行細節希望更加專注

5 希望能深入了解每次行銷活動的目標。注意是否達成目標

1-19 國內六種媒體年度廣告量統計及占比分析

　　根據各種媒體企業實務界人士所提供的比較正確數據顯示，國內六種媒體在2020年度的廣告量統計及占比，如下表所示：

● 國內六大媒體年度廣告量統計（2020年）（市場實務估算）●

排名	媒體類別	金額	占比	
1	電視（含無線及有線電視）	200億	40%	兩者合計占80%
2	網路（含行動）	200億	40%	
3	戶外	40億	8%	
4	報紙	25億	5%	三者合計占12%
5	雜誌	20億	4%	
6	廣播	15億	3%	
	合計	500億	100%	

（資料來源：市場人士、業界人士提供）

　　根據上表顯示有幾點涵義，如下述：

第一：電視媒體及網路媒體的廣告量分別達到200億，兩者合計占比達80%，顯示：電視＋網路兩者已成為國內最大、最主流的廣告媒體了。

第二：在電視媒體的200億裡，有線電視占175億，無線電視占25億，顯示有線電視仍是電視媒體中的主流。

第三：傳統媒體的報紙、雜誌及廣播三者，近十年來快速衰退及下滑，目前僅占總廣告量的12%而已，顯示該三大媒體陷入很大的經營困境，連《蘋果日報》都在2021年5月宣布停刊關門了。

第四：戶外媒體仍能穩定守住，年廣告量達40億元，比傳統三大媒體都還要多。

第五：網路及行動媒體廣告量，近十年急速成長，年廣告量從最早期的20億元，成長到現在的200億元，與電視廣告量並駕齊驅，同列第一位廣告媒體。

國內六種媒體年度廣告量統計（2020 年）

並列第一的主流媒體

1 電視
- 年廣告量：200 億
- 占比 40%

2 網路／行動媒體
- 年廣告量：200 億
- 占比 40%

持穩媒體

3 戶外
- 年廣告量：40 億
- 占比 8%

大幅衰退三種媒體

1 報紙
- 年廣告量：25 億
- 占比 5%

2 雜誌
- 年廣告量：20 億
- 占比 4%

3 廣播
- 年廣告量：15 億
- 占比 3%

1-20 具體廣告提案內容 11 要點

　　筆者過去在企業界服務時，曾看過多家廣告公司到我的服務的公司做提案簡報，大體上，這項廣告提案內容可以用 11 項要點構成，如下圖示：

廣告公司提案內容 11 要點

1 | 各競爭品牌傳播訴求比較

2 | 競爭品牌觀察

3 | 廣告目標

4 | 策略思考點

5 | 廣告主張

6 | 廣告故事大綱

7 | 廣告分鏡腳本

8 | 廣告拍攝時程表

9 | 廣告主角人選

10 | 廣告拍攝預算

11 | 媒體計畫大致想法

考試及複習題目（簡答題）

一、請列出廣告的七個種類。

二、請列出目前最常使用 Call-in 銷售型廣告的保健食品日商是哪一家公司？

三、消費品行業最常出現的廣告類型為何？

四、請列出廣告最重要的二大功能為何？次要三大功能又為何？

五、請列出廣告的四種價值為何？

六、請列出成功廣告片的六大面向條件為何？

七、請列出廣告產業價值鏈的六個組成項目為何？

八、請列出知名廣告代理商至少三家。

九、請列出知名媒體代理商至少三家。

十、請列出廣告七説為何？

十一、請列出國內六大媒體的年度廣告量為多少？

十二、請列出廣告公司的 6C 為何？

十三、請列出日本電通廣告公司的廣告策略規劃四大重點 TPCM 為何？

十四、請列出廣告影響力的 AUCA 模式為何？

十五、請列出廣告作用的 AIDMA 模式為何？

十六、請列出尼爾森媒體大調查中的過去一週五大媒體接觸率為何？

十七、請列出過去一週收看電視節目類型最高的二種為何？

十八、請列出過去一週收看電視時段的最高二個時段為何？

十九、請列出過去一週雜誌閱讀率最高的是哪一個週刊？

二十、請列出過去一週報紙閱讀率最高的是哪一個報紙？

二十一、請列出過去一週網路瀏覽率最高的二種為何？

二十二、請列出廣告代理商提案的流程為何？

二十三、請列示廣告預算決定的五種方式為何？

二十四、請列出新產品廣告預算的二個基本觀念為何？

二十五、一般來說，新產品在第一個年度內，至少必須投入多少廣告預算，才會逐步打響品牌知名度？

二十六、請列示行銷傳播溝通的七個完整步驟程序為何？

二十七、請列示 2019 年度國內前三大廣告公司排名為何？

二十八、請列出全球規模前三大廣告與傳播集團的名稱為何？

二十九、請列出國內第一大廣告主行業為何？

三十、請列出臺灣奧美廣告公司是屬於全球哪一個廣告集團？

三十一、請列出臺灣浩騰及奇宏媒體公司是屬於全球哪一個廣告傳集團？

三十二、請列出臺灣李奧貝納及陽獅公司是屬於全球哪一個廣告傳播集團？

三十三、請列出日本最大的廣告集團是哪一家？

三十四、請列出臺灣最大本土廣告公司是哪一家？

三十五、請列出臺灣最大公關集團是哪一家？

三十六、請列出臺灣每年廣告額支出最多前二十大廣告主（公司）的任五家。

三十七、請列示媒體廣宣的四大戰略面向為何？

三十八、請列示如何正確選擇廣告代理商的六項原則。

三十九、請列示五大傳統媒體廣告量，已下跌到多少億？

Chapter 2

電視廣告

2-1 電視廣告的優點、正面效果、缺點及預算估算

電視廣告 (TVCF) 迄今仍是廠商最主要的首選刊播媒體。

一、電視廣告的優點

電視廣告之所以能發揮效益，在於電視具有以下三個優點：一是電視具有影音聲光效果，最吸引人注目；二是臺灣 500 萬有線電視收視戶家庭，每天開機率高達 90% 以上，是最高的觸及媒體，代表每天觸及的人口最多，效果最宏大；三是電視屬於大眾媒體，而非分眾媒體，各階層的人都會看。

電視廣告三優點

1 具影音效果，最吸引人注目

2 每天 500 萬有線電視收視戶數，開機率 90% 以上，最多觸及消費者

3 是大眾媒體而非分眾媒體

二、電視廣告的正面效果

電視廣告的正面效果包括以下三點：一是短期內打產品知名度（或品牌知名度）效果宏大；二是長期為了維繫品牌忠誠度，並具有 Reminding（提醒）效果；三是促銷活動型廣告與企業形象廣告，均有顯著效果。

電視廣告正面效果

短期內，可打響產
品知名度，因為它
的廣度夠。

長期具品牌維繫
的提醒效果，
Reminding effect。

若搭配促銷型廣告，
可提高業績。

三、電視廣告的缺點

　　既然電視廣告效果大，為什麼仍有中小型廠商不敢用呢？這當然是因為電視廣告的費用太高了。電視廣告刊播成本可說是所有各大媒體中最高者，一般中小企業負擔不起，只有中大型公司才有能力上廣告。一般來說，平均每 30 秒一支廣告，在民視、三立八點檔收視率 3.0 以上的戲劇節目播出一次，即要至少五萬元以上成本支出。

四、電視廣告刊播預算估算

(一) **新產品上市**：至少要 3,000 萬元以上才夠力，一般在 3,000 萬～ 1 億元之間，才能打響新產品知名度。

(二) **既有產品**：要看產品的營收額大小程度，像汽車、手機、家電、資訊 3C、預售屋等，營收額較大者，每年至少花費 5,000 萬～ 3 億元之間。一般日用消費品的品牌，約在 3,000 ～ 6,000 萬之間。

電視廣告刊播預算估計

新品上市　　至少 3,000 萬～ 1 億元。

既有產品　　大概每年營收額 1 ～ 6%，金額 3,000 萬 ~3 億元，視不同產品而定。

2-2 電視廣告頻道配置原則、收視族群輪廓及效果評估

一、電視廣告的頻道配置原則

電視廣告的頻道配置選擇有兩大原則。首先，要看產品的 TA 屬性與電視頻道及節目收視觀眾群是否具有一致性；再來，要選擇較高收視率的頻道及節目。在產品目標市場屬性要與電視頻道及節目收視觀眾群一致性部分，例如：汽車、藥品、信用卡、預售屋等產品，就上新聞類頻道節目；洗髮精、沐浴乳、彩妝等產品，則上綜合臺、電影臺頻道節目。至於要選擇較高收視率的頻道及節目部分，例如：新聞臺以 TVBS 新聞、三立新聞、東森新聞為主；綜合臺以三立臺灣臺、民視綜合臺為主；電影臺以東森國片、洋片臺為主；新知臺以 Discovery、國家地理頻道為主。

電視廣告頻道配置選擇二原則

TVCF 頻道
配置二大原則

1 | 產品的 TA（消費族群）須與電視節目觀眾族群一致！

2 | 要選擇較高收視率的頻道及節目！

適合且經常上新聞頻道廣告的產品類型

新聞臺廣告刊播

1 | 汽車產品類

2 | 機車產品類

3 | 預售屋（建築產品）

4 | 房屋仲介類

5 | 藥品類

6 | 保健品類

7 | 電影預告類

8 | 政府宣傳類

9 | 飲料類及酒類

二、電視收視族群的輪廓

電視收視族群的輪廓 (Profile) 有以下六種，包括：1. 地區別（北、中、南、東）；2. 年齡層（0~7; 8~12; 13~19; 20~22; 23~30; 31~35; 36~40; 41~50; 51~60; 61 歲以上）；3. 性別（男、女）；4. 學歷別（國小、國中、高中、大學、研究所）；5. 工作性質（白領、藍領、退休、家庭主婦、學生）；以及 6. 所得別（低、中、高所得）。

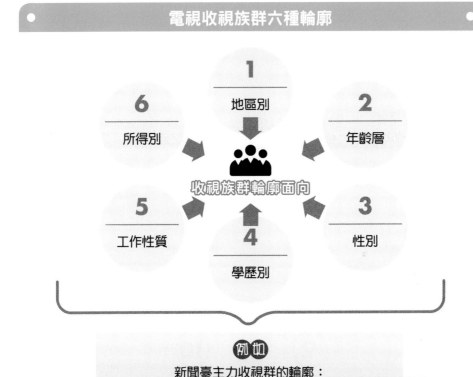

電視收視族群六種輪廓

1 地區別
2 年齡層
3 性別
4 學歷別
5 工作性質
6 所得別

收視族群輪廓面向

例如

新聞臺主力收視群的輪廓：

1	北部多一些人收看。	4	中產階級收入者多一些收看。
2	男性多一些收看。	5	大學學歷者多一些收看。
3	壯年、中年、老年人多一些收看（40 ～ 80 歲）。	6	上班族及退休族多一些收看。

三、電視廣告片內容之訴求與呈現

電視廣告片內容訴求方式與強調重點，包括：1. 產品獨特性與差異化特色；2. 產品功能與效用；3. 促銷活動內容；4. 帶給消費者的利益點；5. 名人、藝人證言式廣告內容；6. 心理滿足訴求；7. 服務訴求；8. 幽默有趣訴求；9. 唯美畫面訴求；以及 10. 反面恐怖訴求。

電視廣告片訴求方式（10 種）

① 產品獨特性與差異化特色訴求

② 產品功能與效用訴求

③ 促銷活動訴求

④ 帶給消費者利益點訴求

⑤ 名人、藝人、醫生證言式訴求

⑥ 心理滿足訴求

⑦ 服務訴求

⑧ 幽默、有趣訴求

⑨ 唯美畫面訴求

⑩ 反面恐怖訴求

· 廣告片的主力訴求點，一定要能夠深入人心，感動消費者！

四、決定電視廣告花費效果的因素

哪些因素決定電視廣告花費的效果呢？首先是 1. 吸引人的電視廣告片 (TVCF)；其次是 2. 適當且足夠的電視廣告預算編列，讓廣告曝光度足夠；再來是 3. 有效的媒體組合 (Media Mix Planning) 規劃，讓更多的 TA 看到這支廣告片；還有，不要忘了，也是最重要的，那就是 4. 你的「產品力」；以及 5. 市場競爭的激烈狀況；和 6. 經濟景氣狀況以及促銷活動搭配等六大因素。

決定電視廣告花費效果的六大因素

1

吸引人視線的廣告片（叫好又叫座的廣告片）。

2

適當且足夠的電視廣告預算，讓曝光率足夠。

3

有效的媒體組合，讓更多 TA 看到這支廣告片。

4

強大的自身產品力。不斷改善、升級產品力。

5

要看市場競爭的激烈狀況。

6

要看經濟景氣狀況，以及促銷活動的搭配。

- 決定廣告花費效果如何。
- 要同時做好上述六大項。

五、事後評估廣告效果

所謂廣告效果，簡單地說，就是廣告主把廣告作品透過媒體揭露之後，產生的影響。這影響包括：1. 有沒有看過這個廣告（所謂的「廣告認知效果」）；2. 這個廣告在傳達什麼訊息；3. 喜不喜歡這個廣告（所謂的「偏愛效果」）；4. 會不會受廣告影響而購買這個產品（所謂「廣告促購效果」）等。在實施廣告效果評估時，通常會針對這幾個指標進行調查。一般來說，評估廣告效果 (Evaluation Advertising Effectiveness) 可分為事前測試 (Pre-testing) 與事後評估 (Post-evaluating)。

(一)「事前測試」的目的在於廣告未正式播出之前,先行觀察對象的反應,是否能達到預期的廣告目的,以免未來投入大量廣告費用後,效果不彰,甚至是反效果,白白浪費了行銷資源。而透過「事後評估」,以檢測媒體安排的好壞,並再度了解該廣告對視聽大眾的影響程度。「事前測試」的素材可以是 Storyboard(腳本)或 CF 帶,一般多採用焦點團體座談 (Group Interview)。

(二)「事後評估」則多採用電話調查的方式。

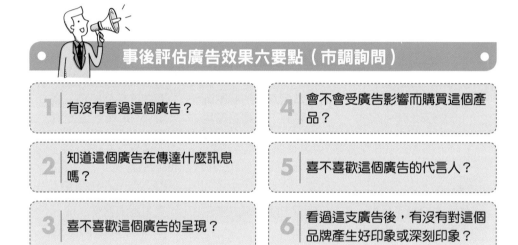

事後評估廣告效果六要點(市調詢問)

1 有沒有看過這個廣告?

2 知道這個廣告在傳達什麼訊息嗎?

3 喜不喜歡這個廣告的呈現?

4 會不會受廣告影響而購買這個產品?

5 喜不喜歡這個廣告的代言人?

6 看過這支廣告後,有沒有對這個品牌產生好印象或深刻印象?

六、電視廣告排期作業流程

如下圖所示,電視廣告排期作業,大約有六個步驟。

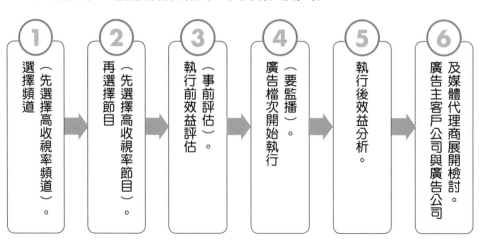

1. 選擇頻道(先選擇高收視率頻道)。
2. 再選擇節目(先選擇高收視率節目)。
3. 執行前效益評估(事前評估)。
4. 廣告檔次開始執行(要監播)。
5. 執行後效益分析。
6. 廣告主客戶公司與廣告公司及媒體代理商展開檢討。

七、電視廣告播出排期表之表格實例

○○電視

商品編號：
計畫期間：○○年12月10日~12日

客戶：
代理商：

商品名稱：
目標群：

託播單號碼：
業務員：

臺別 TV	節目名稱 Program	播放時間 Time	材料 Matrix	秒數 FN	收視率 Rating	單價 Cost	檔次	10 四	11 五	12 六
○○TV	甲、綜藝 (1800)A1	1800-1900		30	0.0	72,000	1		1	
	乙、戲劇 (2000)A1	2000-2100		30	0.0	72,000	1		1	
	丙、綜藝 (2400)A1	2400-2500		30	0.0	56,000	1	1		
	丁、綜藝 (一~五1600)B3	1100-1200		30	0.0	0	1		1	
	戊、戲劇 (一~五1600)B2	1600-1700		30	0.0	0	1			1
	己、綜藝 (0700)B3	0700-0800		30	0.0	0	1		1	
	庚、綜藝 (1000)B3	1000-1100		30	0.0	0	1			1
	辛、綜藝 (0200)C	0200-0300		30	0.0	0	2	1		1
小計						200,000	9	2	4	3
總計						200,000	9	2	4	3

淨收價 200,000
佣 金 0
營業稅 10,000
合 計 210,000
折扣比 0

備註：
PT、PIB-60%
N-70%、E-30%
C48

*綜合臺 (TA.20-34F) +娛樂臺 (TA.20-34F) 合補條件為 C4800

AE簽章：

主管簽章：

客戶簽章：

根據作者本人長期觀察並記錄電視廣告訴求類型，仍以產品功能型訴求為主，占比達 90% 以上，其餘才是促銷型訴求及企業形象型訴求。茲記錄如下表：

項次	品牌	訴求類型	項次	品牌	訴求類型
1	OSIM 按摩椅	產品功能	21	中華電信 5G 服務	產品功能
2	富士按摩椅	產品功能	22	正光金絲膏	產品功能
3	優衣庫	促銷型	23	克補	產品功能
4	SEIKO 精工錶	產品功能	24	斯斯止痛藥	產品功能
5	TOKUYO 按摩椅	產品功能	25	VW 福斯汽車	產品功能
6	善存維他命	產品功能	26	舒酸定牙膏	產品功能
7	白蘭洗衣精	產品功能	27	每朝健康茶飲料	產品功能
8	全聯超市	促銷型	28	日立冷氣	產品功能
9	新光三越週年慶	促銷型	29	光陽機車	促銷型
10	SOGO 百貨週年慶	促銷型	30	格力冷氣	產品功能
11	曼秀雷敦	產品功能	31	挺立鈣片	產品功能
12	黑松 FIN 飲料	產品功能	32	禾聯冷氣	產品功能
13	飛利浦電動牙刷	產品功能	33	CITY CAFE	形象廣告
14	得意的一天橄欖油	產品功能	34	花王沐浴乳	產品功能
15	OPPO 手機	產品功能	35	亞培安素	醫生證言型
16	Panasonic 家電	促銷型	36	LG 家電	產品功能
17	惠氏 S-26 奶粉	產品功能	37	ONE BOY 冰鋒衣	產品功能
18	福樂優格	產品功能	38	原萃綠茶	產品功能
19	Wakamoto 日本益生菌	產品功能	39	foodpanda 快送	服務功能
20	療黴舒香港腳藥	產品功能	40	杜老爺冰品	產品功能

項次	品牌	訴求類型	項次	品牌	訴求類型
41	Panasonic 家電	產品功能	52	桂格完善	產品功能
42	雪印奶粉	產品功能	53	保麗淨	產品功能
43	NISSAN 汽車	促銷型	54	桂格養氣人蔘	產品功能
44	Honda 汽車	促銷型	55	Dyson 吸塵器	產品功能
45	牙周適牙膏	產品功能	56	Dyson 吹風機	產品功能
46	Uber Eats 快送	服務功能	57	克寧奶粉	產品功能
47	香奈兒香水	唯美型	58	蘭蔻保養品	產品功能
48	純濃燕麥	產品功能	59	HH 私密保養品	產品功能
49	統一陽光燕麥飲	產品功能	60	靠得住衛生棉	產品功能
50	娘家滴雞精	產品功能	61	屈臣氏	促銷型
51	Derek 衛浴設備	形象型	62	麥當勞	產品功能

（註：記錄期間為 2021 年 10 ～ 11 月，看晚間電視廣告記錄）

電視廣告

2-4 電視冠名贊助廣告

一、冠名贊助廣告計價方式

冠名贊助廣告計價，主要以每集一小時為單位計價；每集價格約 10~15 萬元之間，主要看收視率高低；愈高，可能每集達 15 萬元；愈低，則每集約 10 萬元。

二、冠名贊助的節目類型

冠名贊助節目類型，以二大類節目為主，如下：

(一) **戲劇節目**。例如：民視及三立的每天晚上八點檔閩南語連續劇。

(二) **綜藝節目**。主要以每週六、日的綜藝節目為主。

電視冠名贊助廣告

冠名贊助節目類型	價格
• 戲劇節目。 • 綜藝節目。	• 每集價格 10～15 萬之間，依視收視率高低而定！ • 若每集 15 萬元 x 100 集 = 1,500 萬元支出。

• 一般而言，適合中小企業品牌！沒有知名度、剛出來！

• 有一定知名度效果。

三、根據作者本人觀看每天晚上電視節目的冠名贊助廠商，如下表：

項次	電視臺	節目名稱	贊助品牌
1	三立臺灣臺	天之驕女（八點檔連續劇）	ONE BOY 衝鋒衣
2	民視無線臺	黃金歲月（八點檔連續劇）	家後磷蝦油保健品
3	台視	綜藝 3 國智	福爾血氧計
4	民視無線臺	綜藝大集合	台塑石油
5	民視無線臺	臺灣那麼旺	福爾血氧計
6	東森戲劇臺	神之鄉	家後磷蝦油保健品

（註：記錄期間為 2021 年 10 月）

2-5 電視廣告產品 Slogan

一、廣告 Slogan 的好處

廣告 Slogan 的好處，有下列幾點：

(一) Slogan（廣告金句／廣告宣傳句）有時可以表達此產品的定位所在及其獨家特性、特質。

(二) Slogan 有時可以讓消費者跟品牌記憶，做一個美好的連結性。

(三) Slogan 有時可以代表此產品的總體形象與良好印象。

廣告 slogan 的三項好處

 可以表達出產品的定位及獨家特色

 可以讓消費者跟品牌記憶產生連結

 可以代表產品的總體形象

二、案例

根據作者個人每天晚上收看電視廣告，記錄下列這些品牌的 Slogan，包括：

項次	品牌	Slogan
1	Panasonic	A better life, a better world.
2	臺灣 7-11	Always open! 有 7-11 真好！
3	全家便利商店	全家，就是你家。
4	中華電信	永遠走在最前面。
5	Lexus（凌志汽車）	1. 專注完美，近乎苛求。2. Experience amazing.
6	全國電子	足感心
7	中信銀	We are family.

項次	品牌	Slogan
8	Nike	Just do it!
9	Adidas	Nothing is impossible.（凡事都有可能）
10	日立家電	生活美學
11	LG 家電	Life is good!
12	全聯	便利，省錢。
13	花王	打造更美好生活。
14	台積電	技術永遠領先者。
15	燦坤 3C	會員、技術、服務。
16	SK-II	晶瑩剔透
17	迪士尼樂園	世界上最快樂的地方
18	民視	臺灣人的眼睛
19	三立	咱臺灣人的電視臺
20	TVBS	最值得信賴的新聞臺
21	飛利浦	Innovation & You
22	台啤	尚青啦
23	輝葉	按摩椅專家
24	優衣庫	Made for All

2-6 電視廣告表現要素及長期投資

一、電視廣告表現的構成要素

一支電視廣告 CF，其組成要素包含如下 8 要項：

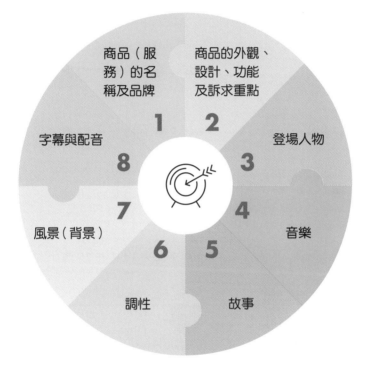

商品（服務）的名稱及品牌 **1**

商品的外觀、設計、功能及訴求重點 **2**

登場人物 **3**

音樂 **4**

故事 **5**

調性 **6**

風景（背景） **7**

字幕與配音 **8**

二、電視廣告要長期投資，不是偶爾做一做

例如：一年 5,000 萬 ×10 年＝ 5 億元

一年 5,000 萬 ×20 年＝ 10 億元

才能打造出品牌力！

也才能促進銷售及穩固銷售！

電視廣告要長期投資至少 10 年以上，才能累積品牌資產價值

1 TOYOTA 汽車　　　一年 3 億 ×10 年 = 30 億

2 Panasonic 家電　　一年 3 億 ×10 年 = 30 億

3 普拿疼　　　　　　一年 1 億 ×10 年 = 10 億

4 麥當勞　　　　　　一年 2 億 ×10 年 = 20 億

5 統一企業　　　　　一年 2 億 ×10 年 = 20 億

6 黑人牙膏　　　　　一年 1 億 ×10 年 = 10 億

- 長期投資！不是隨便偶爾做做！
- 10 年、20 年、30 年才能累積出長遠的品牌資產價值，及鞏固住好業績、高市占率！

「亞培安素」電視廣告片

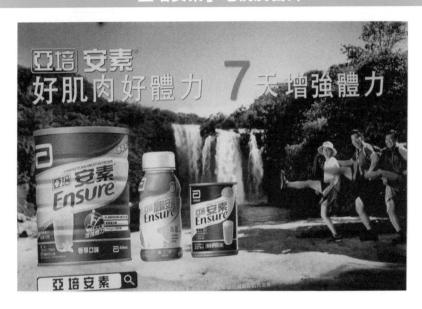

「巴黎萊雅」電視廣告片

「斯斯感冒藥」電視廣告片

「銀寶善存維他命」電視廣告片

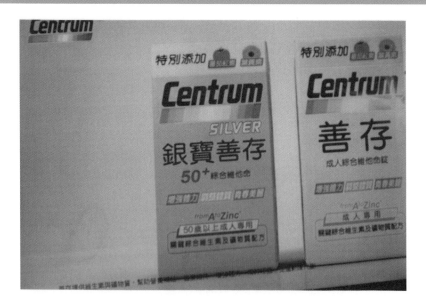

考試及複習題目（簡答題）

一、請列示電視廣告的三項優點為何？

二、請列示電視廣告的三項正面效果為何？

三、請列示電視廣告的缺點為何？

四、請列示新產品上市至少要有多少電視廣告投放才夠力。

五、請列示電視廣告頻道配置選擇的二大原則為何？

六、請列出電視收視族群輪廓的六項為何？

七、請列示電視廣告片訴求方式至少五種。

八、請列出決定電視廣告花費效果的六大因素為何？

九、請列示評估電視廣告效果的六要點為何？

十、請問何謂 Cue 表？

Chapter 3

電視媒體實務

3-1 有線電視臺行業

一、五大媒體每天總接觸率調查（尼爾森）

排名	媒體別	百分比 (%)
1	電視收視率	90%
2	網路及行動瀏覽率	90%
3	報紙閱讀率	18%
4	廣播收聽率	15%
5	雜誌閱讀率	15%

二、電視媒體：最主流媒體

電視廣告，迄今仍是廠商最主要的首選刊播媒體！

三、收視占有率分析

- 無線臺 (10%)：
    1. 以晚間綜藝節目及八點檔戲劇節目為較高收視率。
    2. 全國 550 萬戶家庭均可收看。
- 有線臺 (90%)
    1. 以新聞節目、電視節目、戲劇、綜藝節目為較高收視率。
    2. 全國普及率 85%，約 500 萬戶家庭可收看到。

無線臺 vs. 有線臺收視占有率

無線 電視臺		有線 電視臺
僅占 10% 收視率	vs.	占 90% 收視率

四、國內主要電視頻道家族

1. 無線臺：台視、中視、華視、民視。
2. 有線電視家族頻道：TVBS、三立、東森、中天、緯來、年代、非凡、八
   大、福斯、壹電視。

國內主要十家有線電視頻道家族

1 三立	2 東森	3 TVBS	4 福斯	5 緯來
6 八大	7 中天	8 年代	9 非凡	10 民視

五、有線電視頻道類型──綜合及新聞頻道屬大眾市場，其他為分眾市
　　場及小眾市場

排名	1	2	3	4	5	6	7	8	9	10	11	12	總計
類型	綜合	新聞	國片	洋片	卡通	戲劇	日片	體育	新知	財經	音樂	其他	
數量	14	7	4	8	3	3	4	3	3	3	2	3	57
總點數	280	163	56	65	49	28	21	15	10	17	3.4	1	708.4
占有率	40%	32.5%	8%	9%	7%	4%	3%	2%	1%	2%	0.5%	1%	100%

（一）9 個新聞臺

1. TVBS-N
2. 三立新聞臺
3. 東森新聞臺
4. 年代新聞臺
5. 民視新聞臺
6. 非凡財經臺
7. 東森財經臺
8. 壹電視新聞臺
9. TVBS

（二）21 個綜合臺／戲劇臺

1. 民視	8. 三立都會臺	15. 八大第一臺
2. 台視	9. 中天綜合臺	16. 八大戲劇臺
3. 中視	10. 中天娛樂臺	17. 東森綜合臺
4. 華視	11. 公視臺（無廣告）	18. 緯來育樂臺
5. 三立臺灣臺	12. JET 綜合臺	19. 超視臺
6. TVBS 臺	13. 緯來戲劇臺	20. 東風衛視臺
7. TVBS 歡樂臺	14. GTV 綜合臺	21. 衛視中文臺

新聞臺＋綜合臺的收視占有率最高，廣告量也最大

①
新聞臺
（10 個）

②
綜合臺／戲劇臺
（21 個）

- 收視占有率高達 75%。
- 每年廣告收入也高達 75%。

（三）9 個國片臺／洋片臺

1. HBO（無廣告）	4. 龍祥電影臺	9. ANX 動作臺
2. 東森國片臺	5. 衛視電影臺	10. CINEMAX
3. 東森洋片臺	6. 好萊塢電影臺	

（四）日本臺／新知臺

- 日本臺

1. 緯來日本臺	2. 國興衛視臺

- 新知臺

1. 國家地理頻道	2. 動物星球頻道	3. Discovery

（五）體育臺／卡通兒童臺

- 體育臺

  1. 緯來體育臺

- 卡通兒童臺

  1. 東森幼幼臺　　　2. MOMO 親子臺

六、全臺唯一：尼爾森收視率調查公司

1. 在全臺 2,300 個家庭，安裝個人收視記錄器。

2. 每天／每分鐘記錄收視結果。

3. 回傳臺北總公司電腦資料庫。

七、收視率 1.0 時，代表全臺有 20 萬人同時在收看該節目

收視率→ 20 萬人在看同一節目／全臺 2,000 萬人＝ 1%

所以：收視率 1% →代表該節目當時有 20 萬人同時在收看。

八、AGB 尼爾森收視調查（全臺戶數）

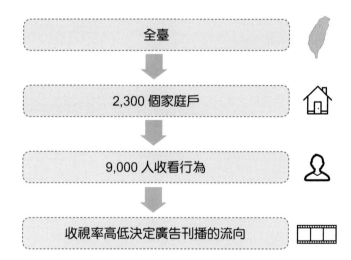

九、各收視率的好壞（單位：％）

- 高收視率節目→ 1 以上（很棒、太好了）

- 中高收視率節目→ 0.5~1（很好）

- 中收視率節目→ 0.2~0.5（還好、還可以）

- 低收視率節目→ 0.1 以下 (0.1, 0.05……)（算差的）

十、高收視率節目代表的意義

- 高收視率代表→廣告收入較多、該節目會賺錢！
- 低收視率代表
  →廣告收入少，該節目會虧錢，最後可能會停掉該節目！
  →電視臺唯一的目標為全力提升各節目收視率，才能提高營收及獲利！

電視節目經營及
存活的唯一指標！

- 看收視率（Rating）高低！
- 一切以收視率為節目生存下去的指標！

十一、電視臺收視黃金時段

① Prime Time
黃金時段   每天晚上 6:00~10:00

② 次佳時段   每天中午 12:00~13:00

十二、新聞臺收視率較高臺

- 領先群：
  1. TVBS-N 新聞臺   2. 東森新聞臺   3. 三立新聞臺
- 其次：
  4. 年代新聞臺   5. 民視新聞臺   6. 非凡財經臺

十三、綜合臺收視率較高臺

- 領先群：
  1. 民視無線臺   3. 三立都會臺   5. 東森綜合臺
  2. 三立臺灣臺   4. 中天綜合臺   6. 福斯衛視中文臺

十四、有線電視收入來源

1. 最大收入：廣告收入，占約 70%。
2. 次大收入：賣給第四臺（系統臺）的頻道版權，占約 20%。
3. 第三收入：賣給海外各國版權收入，約占 8%。
4. 第四收入：周邊產品收入，約占 2%。

十五、無線臺及有線臺——年廣告總收入：200 億元

十六、無線臺／有線臺廣告收入來源二大方式

1. 90% 來自 20 大媒體代理商發稿。
2. 10% 來自消費品／耐用品廣告主直接購買。

十七、有線臺向第四臺（系統臺）收版權費

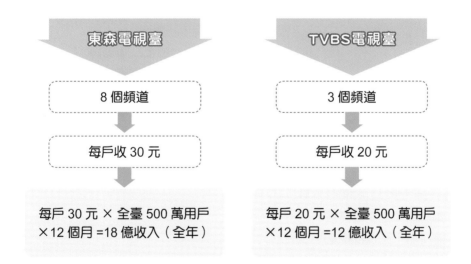

所以：

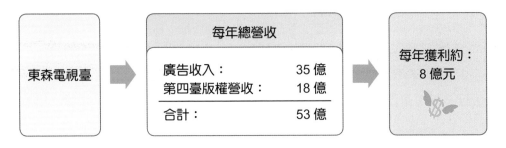

十八、有線臺向第四臺（系統臺）收取頻道節目版權收入

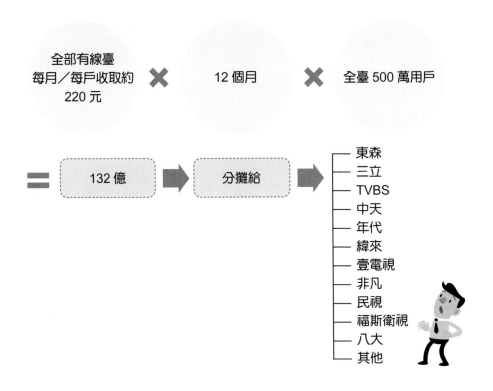

十九、海外節目版權收入較多的有線臺

第一名：三立電視臺。

第二名：民視電視臺。

第三名：中天、TVBS 等。

主要賣給中國大陸及東南亞各國電視臺、網路視頻公司。

二十、目前有線電視臺最大廣告收入頻道類型

（一）新聞臺（有 9 個臺）＋綜合臺（有 21 個臺）：占 70% 廣告收入。

（二）次大廣告收入頻道類型：國片電視臺、洋片電視臺、戲劇臺。

（三）較少廣告收入頻道類型：日片臺、體育臺、新知臺、卡通臺、音樂臺。

二十一、有線電視臺廣告營收狀況

- 三立：35 億
- 民視：18 億
- 年代：10 億
- 東森：35 億
- 緯來：12 億
- 非凡：5 億
- TVBE：24 億
- 福斯：10 億
- 中天：5 億

二十二、有線臺獲利狀況

全部有線臺幾乎都能賺錢！

↓

三立、東森及 TVBS 賺錢最多，每年賺 5~8 億

↓

民視、福斯、中天、緯來、八大每年也能賺 1~3 億

↓

其他臺：年賺數千萬 ~1 億

二十三、公廣集團

公共電視臺 ＋ 華視電視臺 ＋ 原住民電視臺 ＋ 客家電視臺 ＋ 臺語臺 ＝ 公共廣電集團

二十四、無線四臺

民視無線臺→全臺收視率最高電視臺。

中視→屬於旺旺中時媒體集團。

台視→屬於非凡電視臺旗下電視臺。

華視→屬於公廣集團旗下電視臺。

二十五、中華電信 MOD 媒體

MOD: Multimedia on Demand

- ・高畫質節目多。
- ・全臺約 150 萬訂戶。
- ・月收費：290~399 元。
- ・電影：計次付費。
- ・目前仍虧錢經營。
- ・全臺無線臺用戶：600 萬戶。
- ・有線臺用戶：500 萬戶（普及率 85%）。
- ・MOD 用戶：150 萬戶（普及率 30%）。

二十六、尼爾森收視率可以提供個別節目的收視觀眾輪廓別

1. 地區別（北、中、南、東）。
2. 性別（男、女）。
3. 年齡層（大學生、年輕上班族、壯年上班族、中年上班族、老年上班族）。
4. 職業別（家庭主婦、退休人員、店老闆、白領藍領、技術人員）。
5. 所得別（低、中、中高、高、較高）。
6. 家庭結構別。
7. 學歷別（小學、國高中、大學、研究所）。

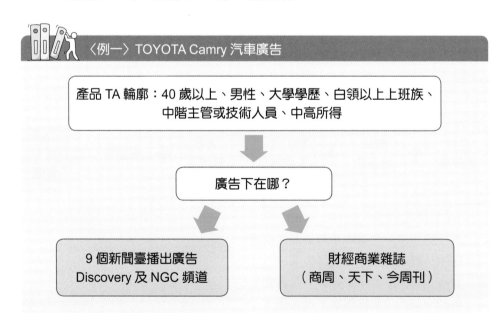

〈例一〉TOYOTA Camry 汽車廣告

產品 TA 輪廓：40 歲以上、男性、大學學歷、白領以上上班族、中階主管或技術人員、中高所得

廣告下在哪？

9 個新聞臺播出廣告
Discovery 及 NGC 頻道

財經商業雜誌
（商周、天下、今周刊）

〈例二〉蘭蔻、SK-II 化妝保養品廣告

產品 TA 輪廓：35 歲以上、女性、大學熟女、白領以上上班
族、中高所得、住北區

廣告下在哪？

大部分：
・戲劇臺
・八點檔戲劇
・偶像劇
・歌唱節目

小部分：
・新聞臺

小部分：
・女性雜誌
・流行雜誌

 〈例三〉國泰金控集團企業形象廣告

產品 TA 輪廓：40 歲以上、男性／女性兼具、白領以上上班
族、中高所得、大學！

廣告下在哪？

9 個新聞臺
播放廣告

八點檔戲劇
播放廣告

財經商業雜誌

中廣、飛碟
新聞廣播臺

二十七、電視廣告計價方式：採組合式

廣告報價（每 10 秒）→採 1S+1A+2B+2C，計價 4~6 萬之內。

1S 節目：最高收視率節目，播出 1 次廣告。

1A 節目：次高收視率節目，播出 1 次廣告。

2B 節目：較低收視率節目，播出 2 次廣告。

2C 節目：最低收視率節目，播出 2 次廣告。

合計：播出 6 次

1S 節目：指 1.0 以上的特別高收視率節目。

（例如：八點檔戲劇、六點檔新聞。）

1A 節目：指 0.5~1.0 之間的次高收視率節目。

2B 節目：指 0.2~0.4 之間的收視率節目。

2C 節目：指 0.1 以下的收視率節目（白天或下午的節目）。

| 為何要推這種組合搭配模式呢？ | | 因為：廣告主都只想上高收視率的 S 及 A 節目廣告，B 和 C 都沒人上。 | | 所以才推出這種 1S+1A+2B+2C 的計價模式！ |

二十八、有線系統臺（第四臺）狀況

| 目前全臺灣在 60 家地方系統臺 | 50 家系統被 5 大 MSO 公司所收購 |
| | 10 家為獨立 |

二十九、何謂 MSO ?

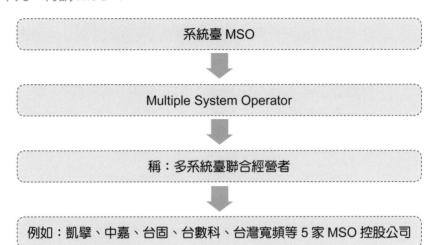

系統臺 MSO

⬇

Multiple System Operator

⬇

稱：多系統臺聯合經營者

⬇

例如：凱擘、中嘉、台固、台數科、台灣寬頻等 5 家 MSO 控股公司

三十、臺灣有線電視產業結構

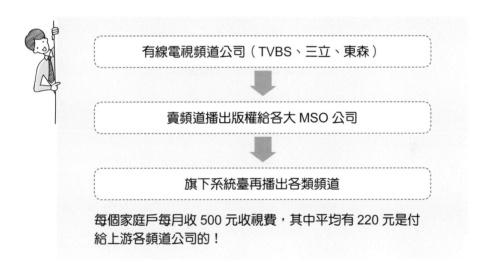

有線電視頻道公司（TVBS、三立、東森）

⬇

賣頻道播出版權給各大 MSO 公司

⬇

旗下系統臺再播出各類頻道

每個家庭戶每月收 500 元收視費，其中平均有 220 元是付給上游各頻道公司的！

三十一、MSO 公司均賺錢

　　由於臺灣各地區都是一區一家系統臺，屬獨占狀況，所以各大 MSO 控股公司及各家系統臺都是賺錢的。

三十二、臺灣有線電視廣告產業結構

頻道公司

1. TVBS	2. 三立	3. 東森
4. 中天	5. 緯來	6. 年代
7. 壹電視	8. 民視	9. 福斯
10. 非凡	11. 八大	……

MSO 公司

1. 凱擘	2. 中嘉	3. 台灣固網
4. 台灣寬頻	5. 台數科公司	

地方系統臺

全臺 60 家地方系統臺

收視戶

全臺 500 萬家庭收視戶

3-2 各家電視臺介紹

一、有線臺為何能賺錢？

1. 仍是國內最主要的收看媒體，位居第一。
2. 具有聲光與影音效果。
3. 臺灣家庭每天開機率高達 90% 以上。
4. 對品牌傳播溝通效果還不錯。
5. 具有尼爾森節目收視率調查數據基礎，有利廣告效果查核。
6. 看電視的族群分布較廣，涵蓋面大。

二、三立電視臺分析

(一) 三立電視臺：4 個主力頻道

三立臺灣臺、三立新聞臺、三立都會臺、三立財經臺。

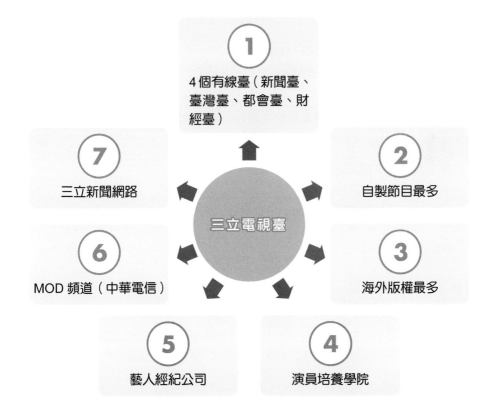

(二) 三立藝能學院
- 三立藝能學院→培育新的演藝人員。

(三) 三立自製節目最多
- 三立電視臺→全臺自製戲劇節目最多的電視臺，每年 1,500 小時。

(四) 三立較高收視率節目
- 三立八點檔閩南語戲劇。
- 三立華流偶像劇。
- 三立新聞。
- 三立電視臺→臺灣第一大、自製節目最多、最多元化發展的有線電視臺！

(五) 三立電視臺：全方位發展、實力最強

三、TVBS 電視臺分析

(一) TVBS 頻道別
- TVBS 臺、TVBS-N 新聞臺、TVBS-G。

(二) TVBS 較高收視率
- 女人我最大、食尚玩家、健康 2.0、TVBS 新聞。

(三) TVBS 電視臺強項
1. 新聞臺最強，新聞收視率一直領先！
2. 也開始走向自製偶像劇節目。

(四) TVBS 已成為本土頻道
- TVBS 電視臺已被宏達電董事長王雪紅收購。

四、民視電視臺分析

(一) 民視電視臺的 2 個頻道
- 民視無線臺＋民視新聞臺。

(二) 民視八點檔臺語戲劇收視率最強，廣告收入最主要來源。

意難忘　　娘家　　黃金歲月　　多情城市　　夜市人生

(三) 民視臺語連續劇：規模經濟化
  · 創造一年播出 365 集以上的新紀錄。
  · 規模經濟化降低成本，獲利提高！

(四) 民視臺語連續劇成功原因
  1. 編劇團隊強大。
  2. 一線臺語演員眾多。
  3. 戲劇與觀眾生活相關。
  4. 主題曲多，片尾曲被唱紅。

(五) 民視：Slogan
  1. 咱臺灣人的電視臺。
  2. 第一名的電視臺。

(六) 旗下擁有簽約最多的一線臺語演員
  · 自己培訓臺語新秀演員，不斷有新面孔推出，吸引觀眾收看。

五、東森電視臺分析

(一) 東森各頻道收視率排名
  · 第一名：幼幼臺。
  · 第二名：戲劇臺、新聞臺、國片／洋片臺。
  · 第三名：綜合臺。

(二) 東森電視臺的優點

> **東森擁有 8 個頻道，居第一名**

> **有新聞臺、綜合臺、財經臺、國片臺、洋片臺、幼幼臺、卡通臺、戲劇臺**

> **可以涵蓋不同的收視族群觀眾，為其較大優勢**

> **有助爭取到不同品類的廣告廠商**

六、中天電視臺分析

(一) 中天電視臺具有集團優勢

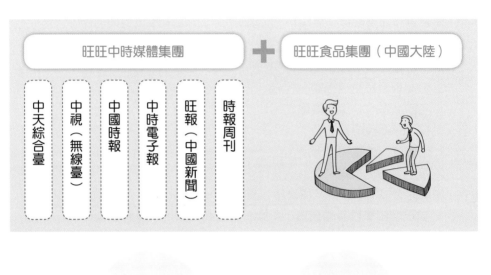

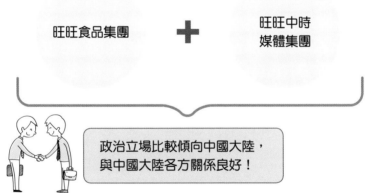

政治立場比較傾向中國大陸，
與中國大陸各方關係良好！

(二) 中天新聞臺（已被 NCC 下架，看不見了）

· 中天新聞臺比較知名些。

· 新聞節目是中天收視率比較強些。

(三) 中國時報及旺報均虧損

七、緯來有線電視分析

比較強的：

1. 緯來戲劇臺（過去以播出韓劇較知名）。
2. 緯來體育臺。

八、年代、壹電視臺分析

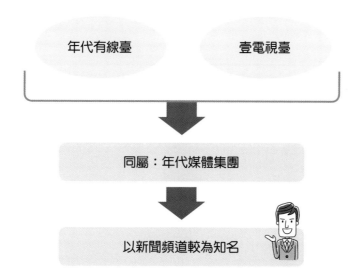

九、福斯 (FOX) 電視網

(一) 福斯的兩個系列頻道

| FOX 系列頻道 | STAR 系列頻道 | NGC 國家地理頻道 |

(二) 福斯併購香港 STAR 頻道
- 美國 FOX 福斯電視臺併購了香港 STAR TV 衛視臺。
- 福斯 FOX + STAR TV 衛視臺。

(三) FOX 較知名的頻道

| NGC（國家地理頻道） | 衛視中文臺 | 衛視電視臺 衛視西片臺 |

十、非凡電視臺分析

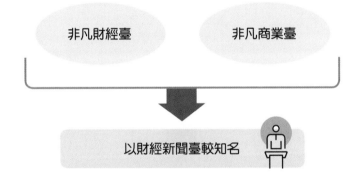

非凡財經臺　　非凡商業臺

以財經新聞臺較知名

媒體名稱	企業名稱	負責人
TVBS	聯利媒體股份有限公司	陳文琦
TVBS 歡樂臺		
TVBS 新聞臺		
年代新聞臺	年代網際事業股份有限公司	練台生
MUCH TV		
壹新聞		
好萊塢電影臺		
三立臺灣臺	三立電視股份有限公司	林崑海
三立都會臺		
三立新聞臺		
三立財經臺		
MTV 電視網	聯鑫行銷股份有限公司	張榮華
東森電影臺	東森電視事業股份有限公司	林文淵
東森洋片臺		
東森綜合臺		
東森財經新聞臺		
東森新聞臺		
東森幼幼臺		
東森戲劇臺		
超視		
GTV 綜合臺	八大電視股份有限公司	王文潮
GTV 第一臺		
GTV 戲劇臺		
GTV 娛樂臺		
TOP 高點綜合臺	高點傳媒股份有限公司	宋明霖
MOMO 親子臺	優視傳播股份有限公司	鄭俊卿
衛視中文臺	福斯集團	申大為

Chapter 3

電視媒體實務

媒體名稱	企業名稱	負責人
衛視電影臺		
FOX Movies		
FOX		
STAR World		
國家地理頻道		
緯來電視網	緯來電視網股份有限公司	王郡
緯來電影臺		
緯來日本臺		
緯來體育臺		
緯來綜合臺		
緯來戲劇臺		
緯來育樂臺		
中天新聞臺	中天電視股份有限公司	潘祖蔭
中天綜合臺		
中天娛樂臺		
非凡新聞臺	飛凡傳播股份有限公司	黃崧
非凡商業臺		
民視新聞臺	民視電視公司	王明玉
JET 綜合臺	媒體淺國際行銷股份有限公司	洪正宏
國興衛視		
東風衛視		
AXN	宏曜美拓國際傳媒股份有限公司	鄒佳宏
ANIMAX		
LS 龍祥時代電影臺	龍祥時代電影臺	王龍賢
Discovery 頻道	新加坡全球紀實有限公司臺灣分公司	邱茜
TLC 旅遊生活頻道		
動物星球頻道		
卡通頻道	美商特納傳播股份有限公司	林東豪

（資料來源：《中華民國廣告年鑑》，2020 年）

3-4 全部有線電視廣告刊價表

家族別	頻道別	套裝組合	總價	CPRD 價格	備註
TVBS 家族	TVBS	A8+A3+2B+2C	$40,000	$6,667	級數是按不同時段及節目做分類（各時段亦可單賣）。
	TVBS-G	A1+A2+2B+2C	$30,000	$5,000	
	TVBS-N				
年代家族	年代新聞	2S+2A+1B	$25,000	$5,000	級數是按不同時段及節目做分類（各時段亦可單賣）。
	壹新聞	2S+2A+1B	$25,000	$5,000	
	MUCH	2S+2A+1B	$25,000	$5,000	
	好萊塢	2S+2A+1B	$25,000	$5,000	
JET 家族	國興衛視	2S+2A+1B+1C	$15,000	$2,500	
	東風	2S+2A+1B+1C	$25,000	$4,167	
	JET	2S+2A+1B+1C	$25,000	$4,167	
三立家族	臺灣臺	1S(S1 or S2)+1A+1B+1C	$26,400	$6,600	級數是按不同時段及節目做分類（各時段亦可單賣）。
	都會臺	S+A+B+C	$20,000	$5,000	
	新聞臺	S+A+B+C	$25,000	$6,250	
	iNEWS	4S+8A+8B+8C	$20,000	$714	
	MTV	1A+1B+1C	$6,000	$2,000	
東森家族	新聞臺	1SS+2B+2C	$32,000	$6,400	級數是按不同時段及節目做分類。
		1S+1A2+2B+1C	$28,000	$5,600	
		2A+2B+1C	$26,400	$5,280	
	財經新聞	1S+2A+2B+3C	$24,000	$3,000	

家族別	頻道別	套裝組合	總價	CPRD 價格	備註
東森家族	電影臺	1S+1A+2B+2C	$20,000	$3,333	
		2A+2B+2C	$18,000	$3,000	
	洋片臺	1S+1A+2B+2C	$20,000	$3,333	
		2A+2B+2C	$18,000	$3,000	
	綜合臺	1S+1A+2B+1C	$26,400	$5,280	
		2A+2B+1C	$24,000	$4,800	
	超視	1S+1A+2B+1C	$26,400	$5,280	
		2A+2B+1C	$26,400	$4,800	
	戲劇臺	1S+2A+2B+3C	$20,000	$2,222	
	YOYO 臺	1S+1A+2B+3C	$20,000	$2,857	
		2A+2B+3C	$18,000	$2,571	
八大家族	第一臺 綜合臺 戲劇臺 MOMO 親子臺 八大娛樂 K 臺 高點電影臺	1 特 A+2A+2B+4C+K/M/T	$25,000	$1,250	級數是按不同時段及節目做分類（依八大排 Cue 視窗分兩組）。

（資料來源：《中華民國廣告年鑑》，2020 年）

考試及複習題目（簡答題）

一、請列示近年國內五大媒體接觸率為多少？

二、請列示迄今仍是廠商最主要的首選刊播媒體為何？

三、請列示電視廣告表現的八種構成要素為何？

四、請列出冠名贊助廣告費每一集大概在多少錢區間？

五、請列示電視廣告最主要的第一個效果為何？

六、請問電視廣告是要長期投資或短期投資？

七、請問目前各類媒體的廣告投資，比例最多的前二種媒體為何？

八、請問目前無線臺與有線臺的收視率占有率為多少？

九、請列出目前最主要有線電視臺的前十個頻道家族（電視公司）為何？

十、請列出目前有線電視頻道收視率占比最高的是哪二種頻道類型？

十一、請列出全臺唯一的電視收視率調查公司為何？

十二、請列出當某節目收視率 1.0% 時，代表全臺有多少人同時在收看該節目？

十三、請問尼爾森在全臺多少家庭戶數安裝電視收視率記錄器？

十四、請問高收視率代表該節目的何種收入就會多？

十五、請問何謂 Prime Time 之中文意思？

十六、請問目前有線電視及無線電視最大的收入來源為何？

十七、請問目前無線臺及有線臺一年的廣告收入各多少？

十八、請問目前有線電視臺二個廣告收入最多的頻道類型為何？

十九、請列示目前有線電視臺中，哪二個電視臺的營收最多？

二十、請列出國內五家最主要的 MSO 公司（多系統臺聯合經營者）。

二十一、請列示目前全臺有線電視收視戶數大約多少？

二十二、請列示自製節目最多的電視臺是哪一臺？

二十三、請列示目前新聞節目最強的是哪一家電視臺？

二十四、請列示目前頻道數最多的是哪一家電視臺？

二十五、請問目前中天電視、中視、中國時報等，是屬於哪一家媒體集團？

二十六、請問目前 TVBS 頻道家族的 CPRP 平均價格是多少？

二十七、請問目前各家有線電視臺每 10 秒 CPRP 平均價格最高的是新聞臺嗎？第二高的是綜合臺嗎？（註 1：有關 CPRP 的意義，請參考第 17 章內容）（註 2：CPRP 係指電視臺廣告投放的價格）

Chapter 4

報紙廣告

4-1 報紙媒體發展現況、發行量及廣告量大幅下滑原因

一、報紙媒體發展現況

(一) 近二年來，中時晚報、蘋果日報及聯合晚報，因不敵發行量及廣告量下滑，
故宣布停刊關報，不再經營了。

(二) 目前報紙媒體只剩下三大綜合報及二大專業財經報在支撐。

　　1. 三大綜合報包括：

　　　　(1) 蘋果日報（日發行量 15 萬份。已於 2021 年 5 月停刊關門了。）

　　　　(2) 聯合報（20 萬份）。

　　　　(3) 中國時報（15 萬份）。

　　　　(4) 自由時報（30 萬份）。

　　2. 二大財經日報，包括：

　　　　(1) 經濟日報（10 萬份）。

　　　　(2) 工商時報（10 萬份）。

(三) 目前三大綜合報都不賺錢，都是靠其網路新聞賺錢來貼補。不過二大財經
日報因為有企業界廣告搭配支撐，故還能小賺錢。

近幾年停刊、關報的報紙名稱

中時晚報 ➕ 聯合晚報 ➕ 蘋果日報

均已停刊、關門

目前僅剩的比較知名的報紙

| 綜合報紙 | 聯合報 + 中國時報 + 自由時報 |

| 財經報紙 | 經濟日報 + 工商時報 |

二、發行量大幅下滑三大原因

　　國內聯合報及中國時報在 1970~1990 年代時，發行量均高達 100 萬份之多，為其報業黃金時期；但 20 多年來，各報紙發行量卻慘跌，各報發行量萎縮至 10~30 萬份，主要有下列因素造成：

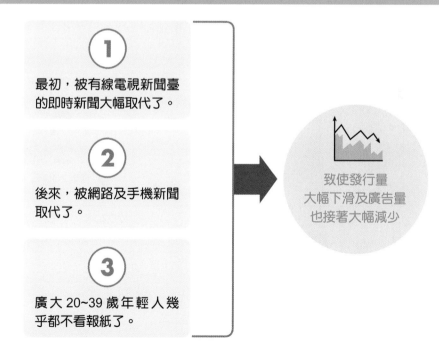

報紙發行量大幅下滑三大原因

1 最初，被有線電視新聞臺的即時新聞大幅取代了。

2 後來，被網路及手機新聞取代了。

3 廣大 20~39 歲年輕人幾乎都不看報紙了。

致使發行量大幅下滑及廣告量也接著大幅減少

(一) 被有線電視新聞臺大幅取代了。新聞臺都是播報今天即時的消息，但報紙
卻到了隔天才出來，顯然太慢了；而且新聞臺又有影音畫面，比報紙的靜
態文字要強太多了。

(二) 被網路新聞取代了。近十年來，網路新聞隨時可以在手機及電腦上看得到，
很方便，這也取代了報紙的功能。

(三) 廣大年輕人幾乎不看報。20 ～ 39 歲的廣大幾百萬年輕人，幾乎已經不看
報了。

三、報紙廣告量大幅下滑

在 1980 年代，各大報發行量都突破 100 萬份（那時候沒有有線電視，也沒
有網路新聞），整個報紙的廣告量也高達 150 億元之多，聯合報及中國時報那時
候都很賺錢。但 30 年之後，整個大環境改變很多，報紙成為中老年人才看的平
面媒體，發行量大幅下滑，廣告量也跟隨大幅下滑，降到目前只剩大約 20 億，
僅約黃金時期 150 億的 1/8 而已，難怪平面報紙家家都虧錢。

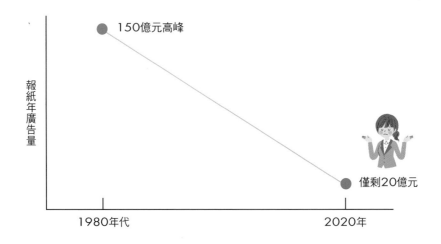

報紙廣告量大幅下滑衰退

150億元高峰

報紙年廣告量

僅剩20億元

1980年代　　　　　　　　　　　2020年

4-2 報紙為何虧錢及報紙轉型方向

一、報紙為何虧錢原因

各大報紙多年來虧錢的原因，主要可歸納以下因素：

1. 發行量大幅滑落。
2. 報紙閱讀率大幅下滑，從最早期 40 多年前的 80% 閱讀率，下滑到目前僅剩 15%。
3. 上述二因素又導致報紙廣告收入也大幅減少，使得報紙公司的支出大於收入，故產生虧損了。
4. 最後是報紙廣告的靜態效果，也不如電視影音廣告來得吸引人注目。

平面報紙為何虧錢四大原因

| **1** 報紙發行量大幅減少 | **2** 報紙閱讀率大幅下滑 | **3** 報紙廣告量大幅衰退 | **4** 報紙廣告效益日益降低 |

導致收入大減，入不敷出，故三大報都年年虧錢！

二、平面報紙的轉型方向

這十年來，平面報紙都在積極的轉型，以尋求生存之道，轉型的二大方向如下：

(一) 轉向網路新聞：

四大綜合報幾乎都轉向數位化的網路新聞報，例如：

1. 聯合報→轉型聯合新聞網 (udn)。
2. 蘋果日報→蘋果新聞網。

3. 中國時報→中時電子報。

4. 自由時報→自由電子報。

　　四大綜合報轉型到網路新聞報，這些新事業單位反而賺錢了，因為爭取到網路廣告收入增加的支撐。因此，造成賺錢的網路新聞報來支撐虧錢的平面報紙。

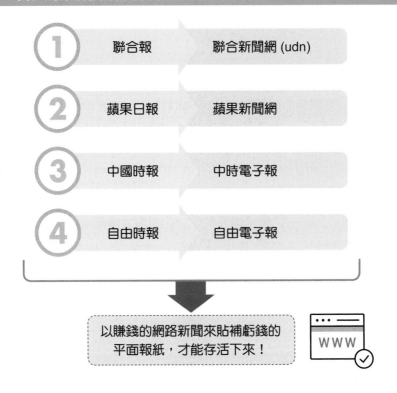

各大平面報紙紛紛轉型為網路新聞，才能存活下來

1. 聯合報　聯合新聞網 (udn)
2. 蘋果日報　蘋果新聞網
3. 中國時報　中時電子報
4. 自由時報　自由電子報

以賺錢的網路新聞來貼補虧錢的平面報紙，才能存活下來！

(二) 轉向多角化事業經營：

　　其中以聯合報系的多角化經營較為成功。聯合報系跳脫平面紙媒經營，而朝多角化新事業經營，到目前算是成功的。包括有如下多角化事業：

1. udn shopping（聯合網路購物電商事業）（已於 2021 年 9 月結束關門了）。

2. 聯合旅行社（做國內外旅遊生意）。

3. 聯合文創展演公司，代理國內外知名展演演出。

4. 聯合市調公司。

平面紙媒轉型生存的二大方向

① 轉向網路新聞經營

➕

② 轉向多角化、多元化事業經營

平面報紙突破困境、繼續生存

三、報紙背後的財團支撐

雖然平面報紙虧損，但其背後均有財團支持，故短期內尚不會關門，包括：

(一) 中國時報→有旺旺食品集團支撐，旺旺在中國市場有很大事業，也賺錢。

(二) 聯合報→有聯合報系支撐，多年前，聯合報賣掉臺北市忠孝東路四段的大樓，賺了數十億，後來搬到臺北郊區的汐止，土地、大樓較便宜。

(三) 蘋果日報→有香港蘋果日報老闆黎智英，卻被中國依香港國安法抓進牢獄；其未來性值得關注、關心（註：香港蘋果日報也於 2021 年 7 月分停刊關門了）。

四、報紙廣告只占整體總廣告量的 4%

如前述，目前報紙廣告每年只剩 20 億元，大概占總體廣告量 500 億的 4% 而已，遠遠落後於電視廣告量的 200 億及網路廣告量的 200 億元。

五、報紙的廣告主有哪些

目前，大概只有較大型的廣告主有多餘的廣告預算，才會刊登報紙廣告，而且大部分是配合報紙的公關新聞報導，才去刊登廣告的。目前在報紙刊登廣告的行業，以下列較多：

1. 建設公司。

2. 百貨業。

3. 超市零售業。

4. 汽車業。

5. 國外名牌精品業。

報紙廣告量占總廣告量僅 4% 而已，重要性大幅下滑

1	報紙	年廣告量僅 20 億	占全年臺灣總廣告量 500 億的 4% 而已
2	電視	年廣告量 200 億	占有率 40%
3	網路＋行動	年廣告量 200 億	占有率 40%

4-3　平面媒體閱讀率變化

　　如下表所示，國內平面媒體閱讀率近二十年來，有很大的下滑趨勢。尼爾森媒體大調查資料顯示：

(一) 報紙閱讀率下滑甚多： 從 2001 年的 55% 閱讀率，下滑到 2020 年的 18%，下滑衰退幅度很大；此即每 100 人中，只有 18 人昨天有看過報紙。

(二) 雜誌閱讀率也下滑： 週刊閱讀率也從 2001 年的 19%，下滑到 2020 年的 11.7%。雙週刊及月刊也同樣下滑。

平面媒體閱讀率變化（2001~2020 年）

年度	報紙 昨日閱讀率	週刊 上週閱讀率	雙週刊 上 2 週閱讀率	月刊 上個月閱讀率
2020	18.0	11.7	7.1	17.0
2017	26.1	13.2	5.3	17.2
2016	28.7	15.0	6.1	19.2
2015	32.9	16.1	7.2	19.5
2014	33.1	15.1	6.6	19.3
2013	35.4	15.9	7.2	21.3
2012	39.6	17.5	6.8	22.3
2011	40.6	17.3	8.1	21.9
2006	45.8	15.5	2.3	23.3
2001	55.2	19.4	1.6	28.1

資料來源：尼爾森媒體大調查，2020 年　　　　　　　　　　　　　單位：%

Chapter 4

報紙廣告

4-4 報紙廣告刊登的行業及廣告價目表

一、報紙廣告刊登行業

如下所示，報紙廣告刊登的十大行業，以建築業居冠，占有率高達 33.5%，顯見建築廣告是支撐報紙存活最大的行業了。

報紙廣告刊登十大行業（2020 年）

排名	2020 年		
	行業	廣告量（千元）	占比 %
1	建築	1,226,729	33.5%
2	平面綜合廣告	277,120	7.6%
3	政府機構	165,400	4.5%
4	超市、便利商店	80,831	2.2%
5	健康食品	79,188	2.2%
6	政府活動	71,732	2.0%
7	其他類企業	70,027	1.9%
8	電器廣場	69,906	1.9%
9	旅行業	66,202	1.8%
10	傢俱	54,710	1.5%
	前十大行業小計	2,161,845	59.1%

二、聯合報廣告價格

聯合報目前的廣告價格，大致是：

（一）二十全價格：40 ～ 60 萬之間（視不同版面）。

（二）十全價格：20 ～ 40 萬之間（視不同版面）。

（三）三全價格：6 ～ 10 萬之間（視不同版面）。

4-5 平面媒體文案撰寫、設計編排及印刷

一、平面文案的五種內容項目

報紙及雜誌的文案 (Copy)，大致可以區分為五大項目。包括：主標題、副標題、內文構成、標語 (Slogan) 及圖片五種，缺一不可。

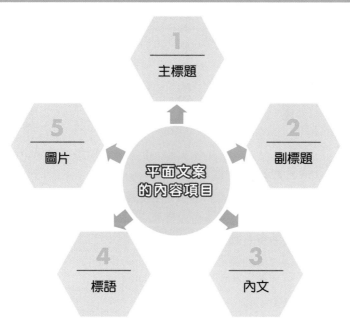

平面文案的五大項目

1 主標題
2 副標題
3 內文
4 標語
5 圖片

平面文案的內容項目

二、主標題應具備的功能

主標題是最必須吸引人去看的，成效在此一舉。而主標題應具備以下五種功能：

1. 必須要能夠吸引閱讀人去注意這個廣告。
2. 標題內的主題會引起閱讀人的注意。
3. 標題能夠引導閱讀人繼續去看文案的內容。

4. 標題必須要呈現出完整的銷售觀念，也就是要讓人去要認識這個產品，能夠引起消費者對產品的反應。

5. 標題必須要能夠顯示出產品對消費者的利益點。

6. 標題必須要能夠引起消費者對新產品產生興趣，因為「新」就會引起可讀性。

三、標題的撰寫方法，大約可以區分為以下圖示八種：

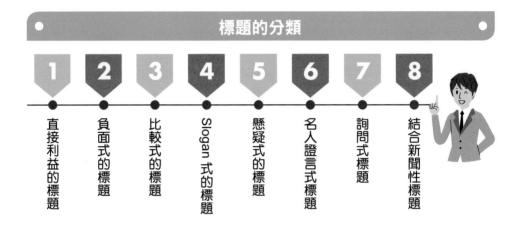

標題的分類

1 直接利益的標題
2 負面式的標題
3 比較式的標題
4 Slogan 式的標題
5 懸疑式的標題
6 名人證言式標題
7 詢問式標題
8 結合新聞性標題

四、如何提高消費者對文案的信賴感

究竟應如何撰寫，提高消費者對閱讀平面文案的信賴感，而使廣告的效果能夠真正達成，以下有幾點原則及做法可以參考：

1. 把特點寫出，讓消費者感覺產品的方便性。

2. 提出明確的建議，給消費者一個理由，使用產品時，消費者有何益處。

3. 誠實的證言：證言式廣告較能給消費者信賴感。

4. 引用權威者的話：

　(1) 把推薦產品者之身分、頭銜標出。

　(2) 產品推薦者的實際照片和文案。

　(3) 推薦詞以第一人稱。如：吳炳鍾推薦《無敵英文字典》。

5. 提出事例。

6. 引用產品受歡迎的話。

7. 使用各種證件。

8. 提出構造的證明。

9. 提出實驗式發現的事實。

10. 提出保證。

11. 提出樣品。

五、平面設計編排注意要點

對平面廣告稿的設計及編排，應注意下列五點，如圖示：

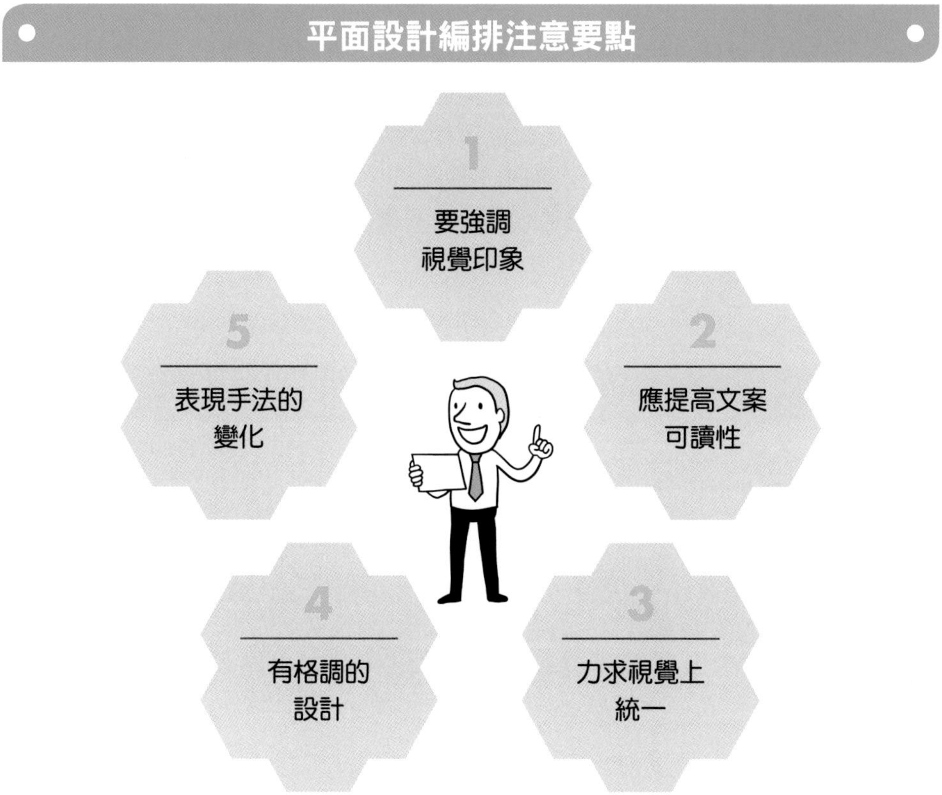

平面設計編排注意要點

1 要強調視覺印象

2 應提高文案可讀性

3 力求視覺上統一

4 有格調的設計

5 表現手法的變化

六、印刷設計與執行的流程

對於一個平面印刷設計，大致有七個流程步驟如下：

1. 印刷企劃：印刷企劃不僅僅是設計吻合目的之主題，對於印刷方式、印刷品的題材、版面大小、用紙或印刷的色數，甚至選擇最後相關加工廠商及印刷廠等，都要仔細考慮。具體的檢討能使各製作流程順利進行。

2. 製作設計：依據印刷企劃進行文案撰稿、設計、版面規劃等，是製作完稿的先期作業程序。當然同時也要安排攝影及插圖繪製，以使各種要素具體化。

3. 製作完稿：依據版面規劃將文案、照片和插圖等，正確的安排在完稿紙上，並做好製版指示，這是製版的前置作業。

4. 製版：完稿進入製版廠後，圖片以電子分色機掃描分色，文字、線條以黑白相機拍照，並將照片、文字和插圖等按照完稿指示排版，然後印出彩色打樣，送回設計者校對。

5. 校樣：檢查彩色打樣是否符合完稿指示的程序，在顏色校對時，為了將修正內容正確傳達給製版人員，要用紅筆寫出具體而易懂的文字說明。

6. 印刷：將修正好的網片製成印刷用版、送上印刷機，便開始正式印刷。印刷因素的充分了解，乃是印刷品質要求的重要條件。

7. 裝訂加工：宣傳（公關）手冊、型錄、小冊子等，俗稱「DM」，印刷品的最後一道程序，就是裝訂加工，至於裝訂方式，則依據頁數、用紙種類和使用目的等而定。

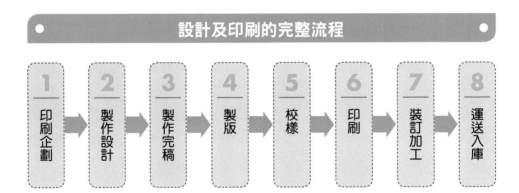

設計及印刷的完整流程

1 印刷企劃 → 2 製作設計 → 3 製作完稿 → 4 製版 → 5 校樣 → 6 印刷 → 7 裝訂加工 → 8 運送入庫

考試及複習題目（簡答題）

一、請列出目前三大綜合性報紙及二大財經專業報紙。

二、請列出過去十年來報紙發行量大幅下滑的三大原因為何？

三、請列出報紙行業虧錢的四大原因。

四、請列出平面報紙的二大轉型方向為何？

五、請列出聯合報系有哪些多角化事業？

六、請列出報紙的最大廣告主行業為何？

七、請列示中國時報背後支持的財團是哪一家？

八、請列示聯合報轉向網路新聞報是哪一家？

九、請問目前報紙一年廣告量剩下多少？其最高峰時的廣告量又為多少？

Chapter 5

雜誌廣告

5-1 雜誌發展現況及雜誌為何虧損

一、雜誌現況發展

(一) 雜誌近十多年的發展，也跟報紙一樣，面臨非常嚴苛的不景氣及衰退。根據統計，2009～2020 年間，計有 112 本雜誌刊物停止發行關門；其中，流行時尚雜誌占 29%，休閒生活占 16%，財經企管占 13%，電腦資訊占 11%。

(二) 雜誌閱讀者以 30～49 歲壯年族群為主力，超過 50%。因此，其族群是比報紙 40～70 歲族群來得年輕。

雜誌行業也陷入產業衰退

2009～2020
年間

- 停刊 112 本雜誌
- 雜誌業也陷入產業衰退的困境

二、雜誌業為何虧錢

雜誌業虧錢的主要原因有：

(一) 發行量下滑，年輕人與老年人都不看雜誌。

(二) 在發行量下滑及閱讀力雙雙下滑之下，雜誌廣告量也顯著下滑；從最高峰時期的 50 億元，下滑到目前的 15 億元，減少幅度很大，所以造成虧損關門。

三、存活的雜誌

目前，雜誌還能夠存活下來，且體質比較好的雜誌，包括：

1. 財經企管類雜誌：商業周刊、今周刊、天下、遠見、經理人及數位時代。
2. 美妝時尚雜誌：ELLE、VOGUE、美麗佳人、美人誌等。
3. 健康雜誌：康健、常春等。
4. 語言雜誌：空中英語雜誌。

存活下來的財經企管類雜誌

1 商業周刊

2 今周刊

3 天下雙週刊

4 遠見雜誌

5 經理人月刊

6 數位時代月刊

5. 幼兒 / 學生類：巧連智、康軒 Top945 等。

四、雜誌廣告量僅占總體廣告量 3%

目前，每年雜誌廣告量僅 15 億元，占總體 500 億元廣告量僅約 3%，比例甚低，變成不是很重要的媒體類了。目前，只有大企業在有大預算分配下，才能爭取到廣告刊登。

五、雜誌廣告刊登十大行業

雜誌廣告刊登前十大行業中，以建築、鐘錶、保養品等行業居多。

六、雜誌經營走向

總結來說，雜誌經營走向只有兩個途徑：一是平面與網路整合在一起，稱為「平網整合」。也就是雜誌同樣要朝網路方向、數位化發展；二是開始舉辦活動，開創多元化收入。此種活動也是與廣告主的產品搭配一起舉辦，以吸引消費者參加，或是促進銷售。

雜誌廣告刊登十大行業

排名（2020 年）	行業	廣告量（千元）	占比%
1	建築	120,170	6.1%
2	政府機構	115,183	5.8%
3	鐘錶	92,086	4.6%
4	綜合服飾／配件	78,299	3.9%
5	保養品	74,740	3.8%
6	珠寶黃金	59,974	3.0%
7	法人／協會／基金會	51,307	2.6%
8	飯店、度假村	47,992	2.4%
9	休旅車	42,948	2.2%
10	威士忌	40,021	2.0%
前十大行業小計		722,720	36.4%

（資料來源：尼爾森媒體大調查）

雜誌行業的二個經營走向

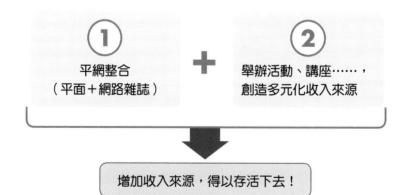

① 平網整合
（平面＋網路雜誌）

＋

② 舉辦活動、講座……，
創造多元化收入來源

增加收入來源，得以存活下去！

國內目前還存在的雜誌刊物名稱，如下表所示：

媒體名稱	企業名稱
VOGUE	康泰納仕樺舍綜合媒體
GQ	
AUDI	
LEXUS	
華信航空	
Benz	
ARCH 雅砌	華克文化
ESQUIRE 君子	
Instyle	
MINA 米娜時尚	青文
WITH 時尚	
VIVI 時尚	
電擊 HOBBY 月刊	
BMW	臺灣赫斯特
ELLE 她	
BAZAAR 哈潑時尚	
鏡週刊	鏡傳媒
HERE	臺灣東販
足球王者	
廣告 ADM	滾石文化
TAIPEI WALKER	我傳媒科技有限公司 WalkerMedia
Japan Walker	
主題 Walker	
常春月刊	台視文化

媒體名稱	企業名稱
DECO 居家	茉莉美人文化／時尚
BEAUTY 大美人	千晶文化
BEAUTY 美人——夾在大美本內頁	
遠見雜誌	遠見文化
哈佛商業論	
未來少年	
天下雜誌	天下雜誌群
親子天下	
CHEERS 快樂工作人雜誌	
康健雜誌	
今周刊	財信傳媒
先探月刊	
股市總覽	
財訊雙週刊	
經理人月刊	巨思文化
數位時代	
Shopping Design 設計採買誌	
好吃	城邦文化
LA VIE 漂亮	
漂亮家居	
新電子科技雜誌月刊	
DIGI PHOTO 數位相機採購活用	電腦家庭出版社
PCHOME 電腦家庭	
新通訊元件雜誌	
網管人	
城邦國際名錶	墨刻出版
TRAVELER 旅人誌	
CITTA BELLA 儂儂	儂儂國際媒體

媒體名稱	企業名稱
美麗佳人	儂儂國際媒體
媽媽寶寶	
SMART 智富	商周出版社
商業周刊	
臺北 101	
GOLF	妮好傳媒股份有限公司
VOCE	尖端出版社
COOL 流行酷	
LOOkin	
愛女生	王道旺台媒體
周刊王	
時報周刊	
東京衣芙	采舍國際
講義	講義堂
皇冠	皇冠文化
讀者文摘	港商讀者文摘
聯合文學	聯合文學出版社
印刻文學生活誌	印刻文學生活雜誌社
張老師月刊	張老師文化事業
經典	慈濟人文
一手車訊	臺灣寶路多股份有限公司
汽車購買指南	汽車購買指南雜誌社
汽車百科	雨生文化
超越車訊	超越文化
汽車線上情報	汽車線上情報
AG 汽車雜誌	永辰國際
MY COLOR 五言六社	五言六社文化
世界電影	影視實業

媒體名稱	企業名稱
BRAIN 動腦	動腦雜誌社
MEN'S UNO	威柏實業／子時集團
WE People	東西全球文創
VMAN 質男幫	質男幫出版社
嬰兒母親	婦幼多媒事業
MONEY 錢雜誌	金尉股份有限公司
新新聞周刊	新新聞文化
萬寶週刊	萬寶週刊出版社
IDN 國際設計家連網	長松文化
世界腕錶雜誌	沃傑文化
行遍天下	宏碩文化
國家地理雜誌	大石國際文化有限公司
TOGO	新民文化事業有限公司
AZ 旅遊生活	華訊事業
DYNASTY 華航雜誌	先傳媒
高爾夫文摘	長昇文化
NBA 美國職籃聯盟雜誌	
ADVANCED	空中英語教室文摘
空中英語教室	
大家説英語	
現代保險健康＋理財雜誌	現代保險雜誌社
L.I.F.E. 季刊	

5-3 雜誌廣告價目表

一、商業周刊廣告價目表

	版位	定價
特殊版位	封底	460,000
	封面裡／一特	305,000
	目錄前跨頁	560,000
	目錄旁／總編的話旁	295,000
	專欄旁	285,000
	專欄後跨頁	500,000
	CoCo 旁／行銷活動旁／封底裡	275,000
其他版位	中跨（100 公克特銅）	600,000
	指定內頁 ⎫ 每期共 10 個版位	265,000
	指定跨頁 ⎭	477,000
	不指定內頁	200,000
	不指定跨頁	396,000
	拉頁（2 頁；80 公克特銅）	518,000
	拉頁（4 頁；80 公克特銅）	921,000
	封面故事內頁（每期 3 頁版位）	265,000
	跨頁報導式廣告（不可指定版位）	480,000
	單頁報導式廣告（不可指定版位）	280,000
	1/2 頁（不可指定版位）	192,000
	1/3 頁（不可指定版位）	150,000
	經濟特區（每期 3 頁版位）	150,000
特殊製作	書衣	1,200,000
	信封套背面彩色頁（最低購買數量 10 萬份）	1,000,000
	貼紙廣告 6cm*6cm（最低購買數量 10 萬份）	1,000,000
	訂戶夾寄 DM（分區域）；限定 50 公克以下	一份 15 元
	訂戶夾寄 DM（不分區域）；限定 50 公克以下	一份 10 元
	訂戶夾寄冊子（騎馬釘；不分區域）；限定 50 公克以下	一份 25 元

二、遠見雜誌廣告價目表

版位	定價	版位	定價
封底	460,000	1/2 本前單頁	420,000
封面裡、封面裡對頁	300,000	封面故事內單頁	220,000
目錄前跨	520,000	封底裡	260,000
目錄後跨	500,000	內單頁	180,000
目錄旁	300,000	一般跨頁	350,000
讀者投書旁／編者話旁	280,000	1/2 頁（本前）	160,000
專欄旁	260,000	1/2 頁（本後）	140,000
1/3 本前單頁	240,000	150P 厚卡	380,000
1/3 本前跨頁	460,000	8 頁廣告專輯 (NET)	850,000
1/2 本前單頁	210,000	enjoy life 專題旁內頁	150,000

考試及複習題目（簡答題）

一、請說明雜誌業為何仍虧錢？

二、請說明目前有哪些雜誌存活得比較好？

三、請列式雜誌廣告刊登的最大行業為何？

四、請說明雜誌經營走向有哪二大方向？

Chapter 6

戶外廣告

6-1 戶外廣告的重要性、種類及成長原因

一、戶外廣告：重要的輔助媒體

　　戶外廣告，又稱為 OOH 廣告，即 Out-of-home 廣告。戶外廣告這幾年已成為電視及網路廣告以外的最重要輔助媒體廣告。為什麼會成為重要輔助媒體呢？原因如下：

(一) 它刊登的成本不算很高。比電視廣告及網路／行動廣告成本都低些，因此，廣大中小企業品牌喜愛使用。

(二) 它的目擊率及觸及率也比報紙、雜誌及廣播要好很多。

戶外廣告愈來愈重要的二大原因

①
它刊登的廣告花費
不算很高

+

②
它的目擊率及
觸及率也不錯

二、戶外廣告的種類

　　戶外廣告的主力種類，主要有以下幾種：

1. 公車廣告。
2. 捷運廣告。
3. 高鐵、臺鐵、機場廣告。
4. 戶外看板廣告。
5. 計程車內／外廣告。

戶外廣告五種種類

1 公車廣告

2 捷運廣告

3 高鐵、臺鐵、機場廣告

4 戶外大型看板廣告

5 計程車內／外廣告

三、戶外廣告之特點

1. 具有很廣的接觸率和頻次，經過者皆可看到；故設置地點十分重要，通車族、旅遊者都會看到。
2. 接觸到地區性的人，可以針對某社區的人做訴求。
3. 長期揭露於固定的場所，易造成印象累積效果，其反覆訴求的效果大。
4. 如果被長期固定於戶外，可成為該地區的象徵。
5. 由於照明之設置，夜間放出多彩光芒，注意力易於集中。
6. 夜生活者，精神處於鬆懈狀態，較容易接受廣告。
7. 面積大，廣告醒目，注意度高。
8. 以簡單文字、特殊構圖取勝。
9. 價格比較便宜。

四、戶外廣告成長的原因

戶外廣告 (OOH, Out-of-home) 近幾年來在市場廣告大餅中，又不斷的成長；其主要原因，有如下幾點：

1. 現代人生活型態改變，紛紛走向戶外活動，享受戶外休閒、健康、運動及娛樂活動。

2. 近年來，油價及物價高漲，使用大眾運輸的公車族或捷運族增多，使他們上、下班時間向外瀏覽的時間及空間也增多。

3. 業者積極引進新科技與新呈現技術，使戶外廣告更加活潑化、互動化、數位化及融入產品環境。

4. 戶外廣告所花費的成本預算與傳統電視廣告相較，仍屬較少比例及較小金額。例如：拿 1,000 萬元做戶外廣告及電視廣告，兩者的露出度及集中效果可能就不一樣。

5. 戶外廣告可以集中在某個地點，而此地點還是目標客層聚集地，則其效果必然不錯，例如：威秀電影廣場。

五、公車廣告是戶外廣告吸睛效果最佳者

日前最近公布的尼爾森 2020 年第二季媒體大調查顯示，論接觸率，公車廣告是臺灣所有戶外媒體吸睛效果最佳者，又以車廂外廣告過去 7 天內看過的比例達 52% 最高。

六、數位化 DOOH 廣告 (Digital OOH)

據統計，目前全球有 200 萬個 LED 螢幕，而且這類數位 DOOH 廣告正以 40% 的速度增長，光是中國大陸就有 50 萬個，臺灣也有上萬個，從機場到零售通路都可見，已經大大改變城市風貌，洛杉磯、北京更被稱為 DOOH 數位廣告城市。

6-2 公車廣告的類型、價格及製作

公車廣告是戶外廣告中的主力之一。

一、公車廣告類型

公車廣告主要類型有：

1. 車體外廣告。
2. 車背後廣告。
3. 車體內廣告。

其中，又以車體外廣告為主力，因為它的被目擊率、被看到機率是最高的，因此，它廣泛被廣告主所刊登運用。

二、公車廣告價格

公車廣告刊登成本並不高，平均來說，大概每部車的每一面，一個月的刊登費用大約是一萬元左右。如果決定使用 50 部公車，那麼，一個月的公車刊登費用大約為 50 萬元，比電視廣告要便宜很多。

三、公車廣告的製作

公車廣告的製作，大致上可以委託公車廣告代理商，例如漁哥、摩菲爾等代理商協助製作，並負責刊登上去。在製作上，必須注意到，公車車體外廣告主要是以露出「品牌名稱」為主要元素，希望廣大消費者在等待公車的時候，可以看到它的品牌名稱。

四、公車車體外廣告種類

公車車體外廣告種類主要有兩種：一是滿版廣告，二是破格廣告。破格廣告就是指廣告版面的設計，會延伸到公車窗戶上，而達到吸引人注目之目的。

五、漁歌：公車廣告代理商

1. 臺北漁歌廣告公司，號稱為全臺覆蓋範圍第一的公車廣告代理商，其公車媒體配車數已達 5,000 輛之多，市占率亦達 6 成以上。
2. 漁哥代理的客運，計有：臺北客運、首都客運、大都會客運、三重客運、臺中客運、高雄客運等。

六、摩菲爾：公車廣告代理商

1. 臺北摩菲爾廣告公司，亦為全臺知名且大型的公車廣告代理商。

2. 在大臺北路線方面：涵蓋臺北車站、忠孝商圈、信義商圈、西門町、南西商圈、內湖科技園區、公館商圈及天母士林商圈。其下代理的客運廣告，計有：大南客運、大有巴士、中興巴士、東南客運、欣欣客運、指南客運等。

3. 在大臺中路線：行經中友商圈、站前商圈、SOGO 商圈、七期商圈、逢甲商圈、東海商圈等。配合的客運計有：統聯客運、中鹿客運、東南客運等。

4. 在大高雄路線：行經左營商圈、火車站商圈、五福商圈、六合商圈、漢神百貨商圈、統一夢時代商圈等。配合的客運計有：統聯客運、漢程客運、港都客運、東南客運等。

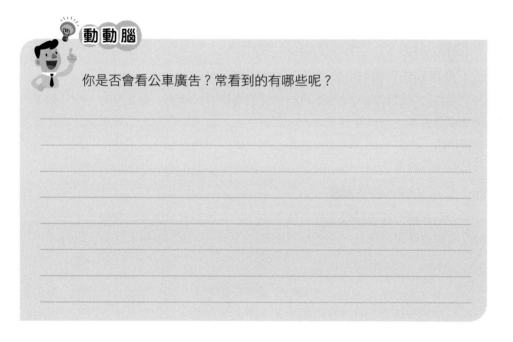

動動腦

你是否會看公車廣告？常看到的有哪些呢？

6-3 捷運廣告的種類、效果及刊登費用

一、全臺捷運處所

全臺捷運點，已有臺北市、新北市、高雄市、桃園市及臺中市等 5 個處所。

二、臺北捷運廣告刊登費用

(一) 臺北捷運廣告刊登費用，主要看兩個因素決定：一是看屬於 A 級站、B 級站、C 級站；二是看它所處的捷運站內哪一個點，以及哪個點的面積大小。

(二) 一般來說，臺北捷運廣告平均每面的每月刊登費用，約在 5~100 萬元之間。

(三) 屬於臺北捷運 A 級站的是最貴，因為它的人口流量最多，效果最好；包括臺北火車站、復興南路、忠孝東路口站及臺北市政府站等均是。

三、臺北捷運廣告種類

臺北捷運站廣告種類，包括：

1. 小型／大型燈箱廣告。
2. 大型貼紙廣告。
3. 吊掛式大型布幔廣告。
4. 站點的 LED 電視廣告。
5. 捷運站外廣告。

四、臺北捷運廣告的效果

每天在大臺北捷運流動的上班族、學生、一般消費者，大致超過 500 萬人口，這是一個很大的消費族群，因此，臺北捷運廣告仍可收到一定的廣告露出效果。當然，此種效果仍屬於提升該刊登產品的品牌效果。

6-4 臺北捷運廣告簡介

一、臺北捷運廣告的優勢

臺北捷運廣告已成為臺北市最主要交通及戶外媒體廣告，其廣告效果也是受到肯定的。根據臺北捷運公司自己的介紹，該戶外廣告具有下列五項優勢，如下：

(一) 大量人潮潛藏龐大商機

1. 臺北捷運是臺北都會區 700 萬人口及 700 萬觀光客最仰賴的交通工具。
2. 2020 年臺北捷運平均每日運量達到約 204 萬人次，年總運量已達約 7.4 億人次，自通車至今，累計運量超過 90 億人次，每年運量持續成長，龐大的川流人潮是不可忽視的潛藏商機。

(二) 國內最大的家外（戶外）交通媒體

據廣告媒體調查，全臺家外媒體廣告量占媒體廣告總量 10.6%，是穩定發展的廣告媒體，而臺北捷運廣告媒體是國內最大的家外交通媒體，提供各類廣告大量曝光的版位空間。

(三) 高消費人流創造高廣告價值

1. 依 2019 年臺北捷運旅客特性調查，旅客年齡介於 20~49 歲之主力消費族群，占比約為 68.9%。
2. 臺北捷運貫穿大臺北都會精華區，車站與商業大樓、百貨公司、醫院、機場等連通共構，並鄰近商圈、夜市、觀光景點，不僅帶來大量人潮，更凸顯廣告的價值。

(四) 優質的廣告可美化車站空間，提供旅客生活體驗，並創造加乘的商業效果

具有設計感的廣告可美化車站空間，並可提供各種生活資訊及有趣的互動體驗，不但提升旅客搭乘捷運系統的樂趣，並可創造加乘的商業效果。

(五) 車站連結商場、百貨及品牌商圈

捷運車站與周圍商圈連接，各式國際名牌、高級服飾、珠寶名錶、高級餐廳等林立，引領時尚潮流的知名百貨、商場、旗艦店等比比皆是，帶來川流不息的購物人潮，加上其他轉運的大量旅客及觀光旅遊活動，捷運車站成為商業及消費集中所在，是最熱門的廣告選擇。

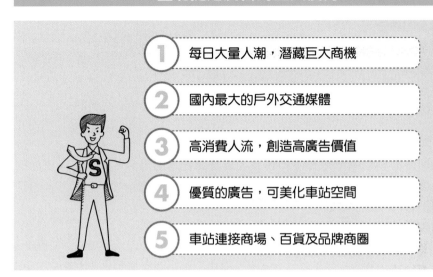

臺北捷運廣告的五大優勢

1. 每日大量人潮，潛藏巨大商機
2. 國內最大的戶外交通媒體
3. 高消費人流，創造高廣告價值
4. 優質的廣告，可美化車站空間
5. 車站連接商場、百貨及品牌商圈

二、臺北捷運廣告的十種呈現方式

臺北捷運廣告呈現，具有多元化的展現，主要有十種，如下：

1. 燈箱（大、中、小型）。
2. 壁貼大（大、中、小型）。
3. 琺瑯板貼。

臺北捷運廣告的十種呈現方式

1	2	3	4	5
燈箱（大、中、小型）	壁貼大（大、中、小型）	琺瑯板貼	破格貼	創意展示廣告

6	7	8	9	10
月臺門廣告	月臺電視廣告	車體廣告	車廂內海報廣告	車廂外創意廣告

4. 破格貼。

5. 創意展示廣告。

6. 月臺門廣告。

7. 月臺電視廣告。

8. 車體廣告。

9. 車廂內海報廣告。

10. 車廂外創意廣告。

三、國內各軌道系統每日平均運量

國內最主要軌道系統每日平均運量，以臺北捷運居最多，顯示其人流量很大，頗具廣告效果。目前，五大軌道系統每日平均運量人數，如下：

1. 臺北捷運：205 萬人次。

2. 臺鐵：61 萬人次。

3. 高鐵：17 萬人次。

4. 高雄捷運：18 萬人次。

5. 桃園捷運：6 萬人次。

四、臺北捷運主要五條路線

臺北捷運主要人流量最多的五條路線，依序為：

1. 板南線（61 萬人次）。

2. 淡水信義線（54 萬人次）。

3. 松山新店線（35 萬人次）。

4. 中和新蘆線（35 萬人次）。

5. 文湖線（20 萬人次）。

臺北捷運廣告效益較大的五條路線

1	2	3	4	5
板南線	淡水信義線	松山新店線	中和新蘆線	文湖線

五、臺北捷運旅客分析

　　1. 性別：女性占 66.9%，男性占 33.1。

　　2. 年齡：以 20~29 歲占 30.7%，30~39 歲占 23.9%，40~49 歲占 14.3% 居最多。

　　3. 職業：以上班族占 29.7%，及學生占 22.1% 居最多

　　4. 居住地區：以臺北市及新北市各占 50%。

六、廣告數量

　　目前，全體臺北捷運計有 1,678 個可刊登廣告的數量。

七、區分 A、B、C 級站

　　臺北捷運的廣告刊登，其收費按 A 級、B 級、C 級，三種等級站而有區別，包括：

　　1. A 級站：台北車站、忠孝復興站、市政府站、西門站。

　　2. B 級站：南京復興站、大安站、南港展覽館站、台北 101 世貿站、淡水站、台大醫院站、中山站、忠孝新生站等。

　　3. C 級站：南勢角站、行天宮站、三重站、新莊站、輔大站、蘆洲站等。

**＄ 臺北捷運廣告費的高低，
依照 A 級、B 級、C 級三種層次區分**

 1 │ A 級站

 2 │ B 級站

 3 │ C 級站

| 台北車站、忠孝復興站、市政府站、西門站 | 大安站、淡水站、台北 101 世貿站、台大醫院站、南港展覽館站 | 行天宮站、三重站、新莊站、南勢角站 |

廣告費較貴　　**廣告費中等**　　**廣告費較低**

6-5 戶外大型看板廣告、高鐵／臺鐵廣告及計程車廣告

一、戶外大型看板廣告

戶外大型看板或大型 LED 電視看板廣告，也是日益重要。

以臺北市來說，目前戶外大型看板的設置地點，主要以下列為主：

1. 臺北信義區百貨商圈。
2. 臺北西門町商圈。
3. 臺北火車站商圈。
4. 臺北忠孝東路東區商圈。
5. 臺北公館／臺大商圈。
6. 臺北建國南北路高架橋大型牆面廣告。

上述這些商圈人口流動多，戶外廣告被目擊到的機率很高，廣告效果也是會有的。

二、高鐵、臺鐵、機場廣告

目前，高鐵站、臺鐵站、松山機場站、桃園機場站內等，也有不少大型廣告看板或廣告貼紙的出現。由於這些重要交通據點的每天人口流量也很多，因此，也是一個適合刊登廣告的好場所。但是，其目標也是在提升廠商的品牌資產效果。

三、計程車內／外廣告

另外，還有計程車內／外廣告刊登；例如，臺灣最大的計程車平臺「臺灣大車隊」，其計程車內，後座的前方，即有一個安裝小型 LED 電視廣告畫面，坐在後座的乘客，必然就會看到前面的電視廣告螢幕了。

臺北市主力六個戶外大型看板廣告地點商圈

1 臺北市信義區百貨商圈

2 臺北市西門町商圈

6 臺北市建國南北路高架橋大型牆面廣告

3 臺北火車站商圈

5 臺北市公館／臺大商圈

4 臺北市忠孝東路東區商圈（SOGO 百貨商圈）

考試及複習題目（簡答題）

一、何謂 OOH 廣告？

二、請列出戶外廣告成為重要輔助媒體的二大原因。

三、請列示戶外廣告的五個種類。

四、請列示公車車體外的廣告價格大約多少？

五、請列出公車車體外廣告種類有哪兩種？

六、請列出全臺有哪二家較大的公車廣告代理商？

七、請列出臺北市有哪五家公車公司？

八、請列出至少五種臺北捷運廣告的呈現方式。

九、請列示臺北捷運的廣告價格有區分哪三種站別？

十、請列示臺北捷運的 A 級站廣告有哪四個站點？

十一、請列出至少三處地點的臺北市戶外大型看板廣告點。

廣播廣告

7-1 廣播發展現況及收聽率較高的廣播電臺

一、廣播業發展現況

(一) 廣播行業近十多年來,受到有線電視及網路、手機崛起的影響,廣播的收聽率也在下滑中,整體廣播廣告量也在衰退之中,每年大約只有 15 億元,占全部廣告總量 500 億元,只有 3% 左右,非常低。

(二) 廣播電臺由於廣告收入下滑,因此,經營得也很辛苦,大都處在損益平衡或是小賺而已,大家都在苦撐。

(三) 收聽廣播的族群,主要是計程車司機、上班族上/下班途中,以及老年退休族。

(四) 近一、二年來,廣播由於 Podcast 的嶄新崛起,有了些微復活再生的發展趨勢。

二、各地區收聽率較高的廣播電臺

目前,依據尼爾森媒體大調查,顯示各地區比較高收聽率的知名廣播公司,計有如下:

(一) 北部地區(前 6 名):

　　1. 警廣。

　　2. 中廣流行網、新聞網。

　　3. NEWS 98。

　　4. 好事聯播網。

　　5. 飛碟電臺。

　　6. 臺北流行廣播電臺 (POP Radio)。

(二) 臺中地區:全國廣播電臺(第一名)。

(三) 桃園地區:亞洲電臺(第一名)。

(四) 高雄地區:港都電臺(第一名)。

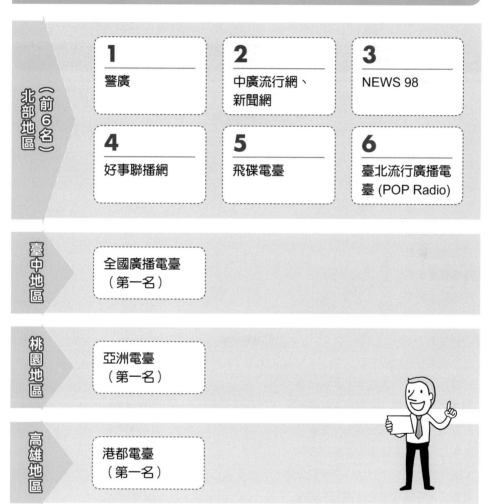

各地區收聽率較高的廣播電臺

北部地區（前6名）

1 警廣

2 中廣流行網、新聞網

3 NEWS 98

4 好事聯播網

5 飛碟電臺

6 臺北流行廣播電臺 (POP Radio)

臺中地區

全國廣播電臺（第一名）

桃園地區

亞洲電臺（第一名）

高雄地區

港都電臺（第一名）

三、廣播媒體代理商

　　廣播媒體代理商，主要有下列四家專業公司：

1. 環球七福（第一名）。

2. 瑞迪（第二名）。

3. 知鑫。

4. 尚友。

部分廣播電臺名單一覽表

媒體名稱	調頻 FM ／調幅 AM
中國廣播電臺	
臺北總臺 (中廣 i go 531)	AM531
臺灣廣播電臺	AM106.2
臺南廣播電臺	FM103.1
高雄廣播電臺	FM103.3
嘉義廣播電臺	FM103.1
花蓮廣播電臺	FM102.1
宜蘭廣播電臺	FM102.1
新竹廣播電臺	FM102.9
苗栗廣播電臺	FM102.9
飛碟聯播網	
飛碟廣播股份有限公司	FM92.1
財團法人臺東知本廣播事業基金會	FM91.3
財團法人民生展望廣播事業基金會	FM90.5
財團法人真善美廣播事業基金會	FM89.9
財團法人北宜產業廣播事業基金會	FM89.9
財團法人太魯閣之音廣播事業基金會	FM91.3
財團法人澎湖社區廣播事業基金會	FM98.7
財團法人中港溪廣播事業基金會	FM91.3
南臺灣之聲廣播股份有限公司	FM103.9
HITFM 聯播網	
臺北之音廣播股份有限公司	FM107.7
中臺灣廣播電臺股份有限公司	FM91.5
高屏廣播股份有限公司	FM90.1
宜蘭之聲中山廣播股份有限公司	FM97.1
東臺灣廣播股份有限公司	FM107.7

考試及複習題目（簡答題）

一、請列出北部地區前六名收聽率的廣播電臺。

二、請列出臺中、桃園、高雄地區第一名收聽率的廣播電臺各為何？

三、請列出廣播收聽較高的三個族群。

四、請列示目前代理廣播廣告第一名的代理公司為何？

廣播廣告

Chapter **8**

店頭行銷廣告

8-1 店頭行銷的重要性、種類及功能

8-2 店頭廣告的效果及整合型店頭行銷一套操作

8-1 店頭行銷的重要性、種類及功能

一、店頭行銷日益重要

店頭行銷又稱最後一哩的行銷，透過這個賣場廣告宣傳及廣告物製作陳列，會有某種程度影響到消費者的購買行為。因此，這種店頭行銷的重要性日益顯著，受到頗多廠商重視。

二、店頭行銷的六個種類

賣場內外的店頭行銷，其種類有以下幾種：

(一) 賣場內的試吃、試喝攤位：會增加對陌生品牌的注意。

(二) 賣場內的特別造型陳列：有些品牌極力透過創意打造出特別的造型陳列，以吸引現場的消費者注意及目光，進而採取購買行為。

(三) 包裝式促銷宣傳：此種行為稱為 On-pack Promotion，亦即在產品的外包裝上，寫著「買一送一」、「買二送一」、「買大送小」、「加贈200克」、「買就贈禮品」等各種包裝式促銷，可以有效吸引消費者購買。

(四) 陳列架上的各式插牌：有些新產品或特價品的陳列架上，會有各式插牌放置在側邊，以吸引消費者選購。這些插牌內容，主要仍是各種促銷的訊息呈現。

(五) 藝人代言的圖片人形立牌：此廣告物，即是藝人代言的圖片（照片）人形立牌，放置在產品陳列的旁邊，以吸引消費者注目。

(六) 陳列架旁邊各式吊牌與海報貼紙：最後，在賣場內，還有各式各樣的大、中、小型廣告吊牌與大型海報貼紙。

三、店頭行銷的四大功能

店頭行銷 (In-store Marketing) 具有下列四大功能：

1. 可以吸引消費者更多的注目及觀看。
2. 可以增加該品牌的曝光機會，提升品牌形象度及知名度。
3. 可以增加此品牌被選購的機會。
4. 可以提高此品牌的銷售業績。

店頭行銷廣告的六個種類

1
賣場內的試吃、試喝攤位

2
賣場內的特別造型陳列

3
賣場內的包裝式促銷宣傳

4
陳列架上的各式插牌

5
藝人代言圖片的人形立牌

6
各式各樣的吊牌及海報貼紙

店頭行銷四大功能

1
可以吸收更多消費者注目

2
可以增加此品牌總曝光度

3
可以增加此品牌被選購機會

4
可以提高此品牌的銷售業績

8-2 店頭廣告的效果及整合型店頭行銷一套操作

一、店頭內廣告效果調查報告結果

在 2020 年度，國內做店頭行銷最大的公司立點效應媒體公司，曾委託尼爾森公司針對各種廣告媒體對商品選購的影響度調查，其結果如下圖，顯示店頭內廣告的效果僅次於電視廣告，故店頭行銷廣告的重要性得到證明。

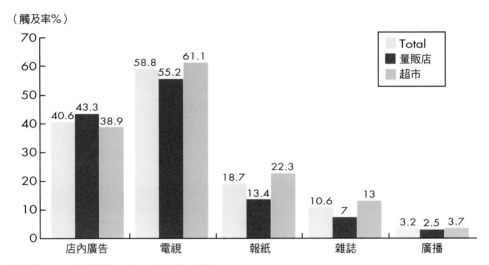

（觸及率%）

資料來源：立點效應公司及尼爾森公司

二、整合型店頭行銷的一套操作

一個有效的「整合型店頭行銷」內涵，不管從理論和實務來說，大致應包括下列一整套同步、細緻與創意性的操作，才會對銷售業績有助益：

1. POP（店頭販促物）設計是否具有目光吸引力？
2. 是否能爭得在賣場的黃金排面？
3. 是否能專門設計一個獨立的陳列專區？
4. 是否能配合贈品或促銷活動（例如包裝附贈品、買三送一、買大送小）？
5. 是否能配合大型抽獎促銷活動？
6. 是否有現場事件 (Event) 行銷活動的舉辦？

7. 是否陳列整齊？

8. 是否隨時補貨，無缺貨現象？

9. 新產品是否舉辦試吃、試喝活動？

10. 是否配合大賣場定期的週年慶和主題式促銷活動？

11. 是否與大賣場獨家合作行銷活動或折扣做回饋活動？

12. 店頭銷售人員整體水準是否提升？

三、結語：整合行銷戰力

　　由各家企業的積極態度可以發現，店頭力時代已經來臨。長期以來，行銷企劃人員都知道行銷致勝戰力的主要核心在於「商品力」及「品牌力」。但是在市場景氣低迷，消費者心態保守，以及供過於求的激烈廝殺行銷環境之下，廠商想要行銷致勝或保持業績成長，勝利公式將是：店頭力＋商品力＋品牌力＝整合行銷戰力。

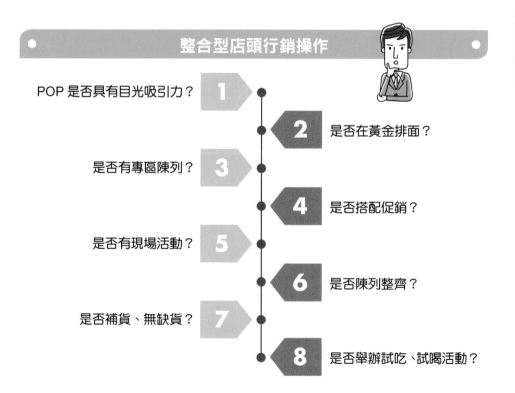

整合型店頭行銷操作

POP 是否具有目光吸引力？ 1

2 是否在黃金排面？

是否有專區陳列？ 3

4 是否搭配促銷？

是否有現場活動？ 5

6 是否陳列整齊？

是否補貨、無缺貨？ 7

8 是否舉辦試吃、試喝活動？

行銷公式

 商品力（商品力是根本）

 店頭力（掌握最後一哩）

3 品牌力（品牌資產永遠的生命所在）

整合行銷戰力

考試及複習題目（簡答題）

一、請列示店頭行銷為何日益重要？

二、請列示店頭行銷的六個種類。

三、請列示店頭行銷的四大功能。

四、請列示整合行銷戰力的公式。

Chapter **9**

數位廣告量統計及計價方法

9-1 臺灣數位廣告量統計分析

　　根據「DMA——臺灣數位媒體應用暨行銷協會」所提出的「2019 年度臺灣數位廣告量統計報告」呈現如下重點結論：

一、臺灣 2011~2019 年數位廣告總量與成長率

(一) 根據權威的DMA統計，顯示出臺灣數位廣告總量，從 2011 年的102.15 億，快速成長到 2019 年的逾 458 億，近十年來成長 4 倍多。

(二) 這些成長的金額，就是從電視、報紙、雜誌及廣播減少而得到的。

(三) 此亦顯示出臺灣廣告總量在各媒體結構比例上的明顯變化，臺灣數位廣告量真的崛起了。

(四) 如下表所示：

2011~2019 年臺灣數位廣告總量與成長率

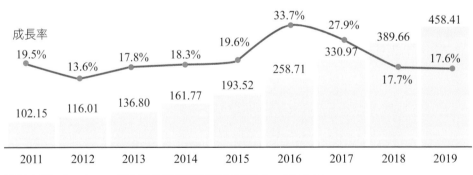

歷年市場金額（億元）

資料來源：DMA——臺灣數位媒體應用暨行銷協會，2020 年。

二、臺灣數位廣告類型統計量

　　如下表所示，臺灣一年 458 億數位廣告量中，其呈現類型大概有如下五種：

(一) **展示型廣告**：占 164 億元，占比為 35%，居最多廣告量。展示型廣告亦即以文字＋圖片展示出此廣告內容。

(二) **影音廣告**：約 111 億元，占比為 24.2%；亦即以影音畫面呈現廣告內容。

(三) **關鍵字廣告**：約 112 億元，占比為 24.2%；亦即以關鍵字搜尋廣告呈現。

2019 年度臺灣數位廣告類型統計

廣告類型	兩大媒體平臺 一般媒體平臺 (General Media) 手機／平板 Mobile		電腦 Desktop		社交媒體平臺 (Social Platform) 手機／平板 Mobile		電腦 Desktop		兩大平臺類型總和	
	總金額	百分比	總金額	百分比	總金額	百分比	總金額	百分比	總金額	百分比
展示型廣告 Display Ads.	38.58	8.42%	14.00	3.05%	94.32	20.58%	17.11	3.73%	164.01	35.78%
影音廣告 Video Ads.	56.43	12.31%	30.42	6.64%	21.31	4.65%	2.95	0.64%	111.11	24.24%
關鍵字廣告 Search Ads.	61.75	13.47%	51.13	11.15%	0	0%	0	0%	112.88	24.62%
口碑／內容操作 Buzz / Content Marketing	26.63	5.81%	9.36	2.04%	29.92	6.53%	3.02	0.66%	68.93	15.04%
其他廣告類型 Other Ads.	1.29	0.28%	0.19	0.04%	0	0%	0	0%	1.48	0.32%
平臺×類型總和	184.68	40.29%	105.10	22.92%	145.55	31.76%	23.08	5.03%	458.41	100%
整體廣告量	458.41（億元）									

資料來源：DMA——臺灣數位媒體應用暨行銷協會，2020 年。

(四) **口碑及內容操作**：約 68.9 億元，占比為 15%；亦即以口碑行銷及內容行銷為呈現廣告。

(五) **其他廣告類型**：占比很低。

三、註解說明——臺灣數位廣告量統計數字偏高

(一) 經請教很多實務界廣告專家及行銷專家，他們表示由 DMA 組織所做的臺灣數位廣告金額統計，在 2019 年度高達 458 億元之多。他們表示對此極高金額表示存疑，有可能是偏高的數字，而且 DMA 組織也沒有標示這 458 億元金額是哪些網路媒體公司所達成的。

(二) 實務界人士認為，比較合理的數字，臺灣數位廣告總金額每年約在 200 億元左右，與電視廣告金額的 200 億元相當。因此，電視及數位廣告金額已並列為國內第一大廣告量的二大媒體了。

四、數位廣告量名詞解釋

(一) **展示型廣告**：包含一般橫幅廣告 (Banner)、文字型廣告 (Text-link)、多媒體廣告 (Rich Media)、原生廣告 (Native Ads) 等。

(二) **影音廣告 (Video Ads)**：
- 外展影音廣告：在一般網路服務插入影音廣告。含展示型、Outstream 型態。
- 串流影音廣告：在影音節目觀看服務中所呈現的 Pre-roll 或 Instream 型態。

(三) **關鍵字廣告 (Search Ads)**：包含付費搜尋行銷廣告 (Paid Search) 及內容對比廣告 (Content Match) 等。

(四) **口碑內容行銷 (Buzz & Content)**：
- 內容置入：撰寫內容介紹商品與服務，置入既存媒體的版面時段。
- 網紅業配及直播 (KOL Marketing)：透過具社群影響力者合作的行銷方式。
- 口碑操作 (Buzz)：於網路媒體上增加行銷產品之討論度。

(五) **其他 (Other)**：包含郵件廣告 (EDM)、簡訊 (SMS、MMS)。

（資料來源：DMA——臺灣數位媒體應用暨行銷協會，2020 年。）

五、數位廣告量主要九大流向分析

如前所述，這一年 200 億元廣告量，依據實務界人士指出，其 90% 主要流向，大致有如下九大方向：

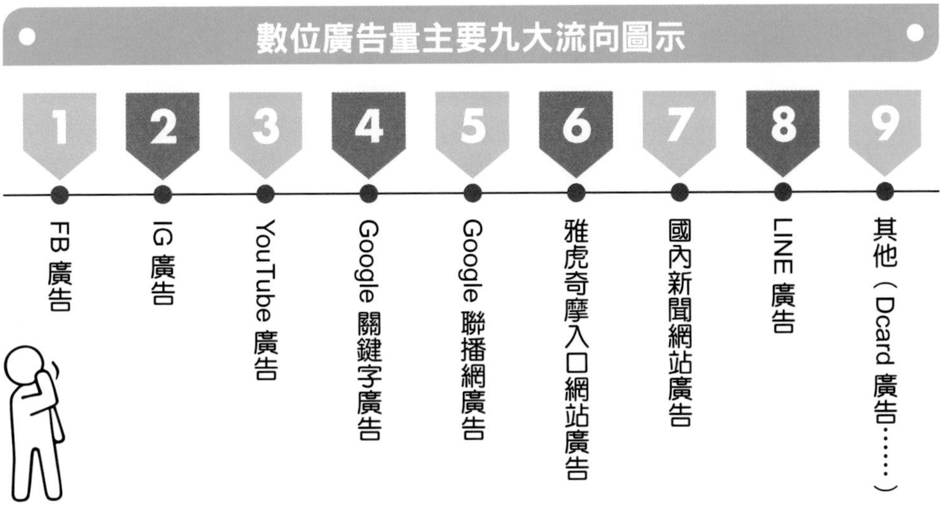

數位廣告量主要九大流向圖示

1. FB 廣告
2. IG 廣告
3. YouTube 廣告
4. Google 關鍵字廣告
5. Google 聯播網廣告
6. 雅虎奇摩入口網站廣告
7. 國內新聞網站廣告
8. LINE 廣告
9. 其他（Dcard 廣告……）

1. 臉書 (Facebook)。
2. IG (Instagram)。
3. YouTube (YT)。
4. Google 關鍵字。
5. Google 聯播網。
6. 雅虎奇摩入口網站。
7. 國內新聞網站（如 ETtoday、udn、中時電子報、蘋果新聞網）。
8. LINE（簡訊、官方帳號）。
9. 其他（例如：Dcard、痞客邦及其他專業親子、遊戲、3C、彩妝、保養、旅遊等內容網站）。

9-2 數位廣告計價方法說明

一、數位廣告計價方法分析

數位廣告計價方法，與傳統媒體廣告計價方法有明顯的不同，其主要計價方法，以下列三種為最主要常見：

(一) CPM 法：

1. 此即 Cost per Mille 或 Cost per 1,000 Impression；即每千人次曝光成本計價或每千人次瀏覽成本計價。
2. 目前，採取 CPM 法，大部分網站均採用此法，例如：FB、IG、新聞網站、內容網站、雅虎等均是。
3. 目前，在實務上，採取 CPM 法的價格：
   (1) FB/IG：每個 CPM 在 150~300 元之間。
   (2) 新聞網站：每個 CPM 在 100~400 元之間。
4. 換言之，如果要在 FB、IG、新聞網站達到 100 萬人次的曝光，就要花費：200 元 ×1,000 個 CPM ＝ 20 萬元廣告預算。

(二) CPC 法

1. 第二種為 CPC 法，即 Cost per Click，即每點擊一次的成本計價方法。
2. 目前採取 CPC 法最主要是 Google 的聯播網（Google Display Network，簡稱 GDN）。另外，FB 及 IG 有時也會採用 CPC 法。
3. 目前 Google 聯播網的實際 CPC 廣告價格，約每一個 CPC 在 8~10 元之間。例如，想要達到 10 萬個點擊進去的廣告預算，即要支付：8 元 ×100,000 次點擊＝ 80 萬元廣告預算。

(三) CPV 法

1. 第三種實務方法是 CPV 法，即 Cost per View，即每觀看一次付費價格。
2. 此法最常用在影音網站，主力是 YouTube (YT)；目前，每一個 CPV 價格約在 1~2 元之間。
3. 若要達成 100 萬人次的點閱，則要支付：1 元 ×100 萬人次點看＝ 100 萬元廣告預算。

二、其他次要方法

其他，使用比較少的網路廣告計價法，還有如下幾種：

(一) CPA：Cost per Action，即每次採取有效行動之成本計價法。

(二) CPS：Cost per Sales，即每次有效銷售成功之成本計價。

(三) CPL：Cost per Lead，即每次有效取得顧客名單之成本計價。

兹圖示如下：

網路廣告計價方法

1 主要三種方法

(1) CPM 法（每千人次之曝光成本計價法）

(2) CPC 法（每點擊一次之成本計價法）

(3) CPV 法（每觀看一次之成本計價法）

2 次要三種方法

(4) CPA 法（每成功採取有效行動之成本計價法）

(5) CPS 法（每成功銷售一次之成本計價法）

(6) CPL 法（每成功取得一筆名單之成本計價法）

9-3 網路廣告的行銷管道

一、關鍵字廣告 (Search Ads)

所謂「關鍵字廣告」，就是當我們在 Google 搜尋欄中輸入關鍵字並按下搜尋時，出現在搜尋排名最上方且標註廣告的搜尋結果。假設今天是賣肉鬆的老闆想要投放「關鍵字廣告」，他可以買下「肉鬆推薦」這組關字，當有購買肉鬆需求的人在 Google 搜尋欄中輸入該關鍵字，就會在搜尋結果上方顯示其廣告內容。

每組關鍵字所需要的費用不同，關鍵字的競爭程度也會影響關鍵字價格，越多人購買的關鍵字組合，價格也容易飆升。

關鍵字廣告投放的技巧：當你的預算有限時，盡量不要和大廠商爭奪競爭度較高的關鍵字，可以嘗試投放具有相關性且競爭較低的關鍵字。

二、多媒體聯播網廣告 (Google Display Network，又稱 Google 聯播網，簡稱 GDN)

什麼是「多媒體聯播網廣告」？回想一下，你之前在瀏覽網站平臺時，是不是常會在網站頁面看到各種格式的圖片廣告呢？有時結合了限時促銷，有時是新品上市，其實這些就是「多媒體聯播網廣告」。「多媒體聯播網廣告」的型式有很多種，「多媒體聯播網廣告」通常會搭配圖片，不同長寬格式的圖片結合廣告文案，出現在頁面瀏覽者面前。

「多媒體聯播網廣告」的特點就是能透過多種圖片格式去接觸目標客群且觸及率高，也可以針對目標客群較有興趣瀏覽的網站及應用程式投放廣告（Google 網站、Gmail、YouTube 等）。

聯播網廣告投放技巧：聯播網廣告可以透過設定將你的廣告曝光在特定類型的網站，你可以選擇你的受眾可能較活躍、與你的產品相關的網站，大幅增加曝光平臺與廣告的關聯性！

三、購物廣告

購物廣告可以將你要販賣的產品推廣到 Google 搜尋引擎上，針對你銷售的產品提供詳細資訊，內容包含了產品圖片、產品名稱、產品價格及品牌網站的名稱。以剛剛所舉的「肉鬆」為例，你可以在搜尋「肉鬆」時，看到「肉鬆」的購物廣告出現在搜尋頁面的頂端。

四、影片廣告

常見的影片廣告，像是於 YouTube 放送的影片廣告內容，也可以於 Google 合作的多媒體廣告聯播網上的其他串流影片內播放。影片廣告可以透過針對目標用戶興趣的設定，將廣告曝光到對應的用戶瀏覽頁面上。

五、FB 廣告／IG 廣告

Facebook 廣告是企業最常選擇的網路廣告之一，只要有在經營自身品牌的粉絲專頁，通常會透過下推廣貼文廣告的方式，讓特定貼文在動態消息觸及到更廣泛的用戶。FB 廣告能夠依照你的廣告投放需求，去設定「目標受眾」、「廣告投放時間」……；像是你可以依照你的「目標受眾」所居住城市、性別、年齡、興趣來設定廣告推送，避免你的廣告曝光在不相關的人面前，造成浪費。值得注意的是，FB 廣告的競價機制也會評估你的廣告品質與相關性、受眾的反應狀況，所以在設定廣告活動時，也要特別注意廣告內容本身的相關性。

另外，FB 廣告管理員可以預先評估「觸及率和頻率」，估算不同的觸及人數範圍、使用者的互動頻率需要多少預算，來規劃如何達到成效。

FB 廣告投放技巧：你可以透過 Facebook 廣告受眾洞察報告，來不斷修正廣告投放的精確性。

六、小結

透過此篇介紹，你可以了解到現今網路廣告行銷的管道選擇，更重要的是，如何在投放廣告後，透過廣告指標數據來追蹤成效，以持續調整廣告內容及策略，但其實在進行網路廣告之前，你應該先有清楚的行銷目的及定位。

另外，網路廣告需要投入長期的時間和預算成本，對於微型企業或是新創產業來說，勢必會消耗大量行銷預算，因此除了網路廣告行銷外，可以將部分的廣告預算分配到內容行銷經營，或是 SEO 搜尋引擎優化以取得更多的曝光來源，這樣不僅能分散行銷預算的風險，也更可以依照不同的行銷目的需求調配較為合適的行銷管道分配。

五種主要的網路廣告行銷管道

1	2	3	4	5
關鍵字廣告	Google 聯播網廣告	FB/IG 廣告	影片／影音廣告 (YouTube)	購物廣告

9-4 數位廣告代理商提供的服務及選擇重點

一、數位廣告代理商提供哪些服務?

(一) 數位廣告代理商比較正式的名稱是「數位媒體經銷商」,也有人稱為數位廣告代操,一般廣告代理商會提供:(1) 如 Google、Yahoo、Facebook、LINE 等數位媒體廣告操作服務,他們的目標是把活動、產品訊息投放給對的人,進而為商家達成目標效益。

(二) 除了數位媒體廣告投放,部分廣告公司會額外提供口碑行銷、網紅 KOL 合作、內容行銷相關服務。

(三) 數位廣告代理商提供的十項服務內容,如下:

1. 關鍵字廣告投放 (Google……)。
2. 社群媒體廣告投放 (Facebook、Instagram……)。
3. 多媒體聯播網廣告投放 (Google Display Network……)。
4. 影音廣告投放 (YouTube……)。
5. 口碑行銷（部落格、KOL……）。
6. 內容行銷。
7. LINE 廣告投放。
8. 數位廣告文字、圖片、影音。
9. 官方粉絲專頁委託代營。
10. 企業官網（官方網站）製作。

二、數位廣告代理商五大選擇重點

(一) 該公司操作過相關產業,且有成功案例

(二) 了解消費趨勢,能夠提出有效的數位行銷建議

有經驗的代理商不只投廣告,也會提供業主產業趨勢建議。例如官網如何調整、廣告可以調整、廣告可以如何搭配促銷提升成效,都是他們的 Know-how。

(三) 針對你的品牌現狀,規劃出合理的廣告策略

代理商在提案前,應要針對業主的狀況做功課,包含業主的品牌知名度、行銷目標、競業動態等,才能和業主一起規劃合理的數位廣告策略。

數位代理商提供十項專業服務內容

1 社群媒體廣告投放 (FB/IG)	**6** 口碑行銷操作
2 聯播網廣告投放 (Google)	**7** 內容行銷操作
3 影音廣告投放 (YouTube)	**8** 數位廣告版面設計、製作
4 關鍵字廣告投放 (Google)	**9** FB/IG 官方粉絲專頁委託代營
5 LINE 廣告投放	**10** 企業官網設計、製作

滿足廠商對數位廣告的有效經營與投放，
達成最好效果！

(四) 報價合理

　　一般數位廣告代理商的收費占廣告預算的 15% 左右。例如：你請代理商投 100 萬元廣告，代理商若收取 15% 服務費，也就是額外收取 15 萬的費用。

(五) 是否定期提供客製化報表及廣告策略修正討論

　　在投放數位廣告的過程，必須持續追蹤廣告投放的成效，透過累積到的數據來持續修正廣告投放的策略，負責任的數位廣告公司會定期（如：一週、雙週或是每月）回報廣告投放狀況，廣告內容是否需要修正等，並提供廣告報表的整理，持續與客戶討論下一步是否要維持目前的廣告策略，或是需要修正目前的廣告投放策略。在與數位廣告代理商洽談時，可以討論廣告投放後的報表回報時間和格式，報表格式可以客製化，根據不同的廣告目標，像是若你的廣告目標為「客戶在網站的實際轉換」（填單、下單），可以要求數位廣告代理商整理「轉換率」等數據，而不是只強調較不相關的曝光率。

數位化廣告代理商五大選擇要點

1 該公司操作過相關產業且有成功案例

2 了解消費趨勢，能提出有效行銷建議

3 能針對你的品牌現狀，規劃出合理的廣告策略

4 報價合理

5 是否定期提供客製化報表及廣告策略修正討論

三、投放數位廣告之前，廠商應先做好的四項功課

(一) 你想找的**客群特徵**

　　1. 你的顧客年齡及性別範圍為何？男性多還是女性多？

　　2. 不同客群的購買力、消費行為。

　　　　例如你的客群中，大多是 18~25 歲的女性，常常光顧但消費金額低；而 25 歲以上的客人雖然相對少，但客單價高。這些顧客消費特徵都會影響你的廣告投放策略。

(二) 你的**顧客何時比較願意消費**？

　　　　掌握平日、假日、節慶、不同月分和季節的業績概況，你才知道何時增加廣告費做促銷最有效。

(三) 確立你的**行銷目標**

　　　　你的商店目前的行銷目標是什麼？行銷目標指的不是你這個月要做幾萬，而是你希望廣告如何幫助你，心裡先有個底，然後提出和數位代理商討論。

(四) 你能負擔多少**廣告預算**？

投放數位廣告之前，廠商應做好四項功課

1 你想找的客群特徵

2 你的顧客何時比較願意消費

3 確立你的行銷目標

4 你能負擔多少廣告預算

一、請列示依據 DMA 組織所做的統計，2019 年度臺灣數位廣告金額總數
　　已達到多少億？

二、請說明上述金額是否偏高？實務界人士認為一年多少金額才是合理
　　的？

三、請列示臺灣數位廣告量的五大類。

四、請列示臺灣數位廣告量主要流向，流到哪九個方向（公司）？

五、請列示數位廣告的主要三種及次要三種計價方法為何？

六、請說明何謂 CPM 法？哪些網站採取 CPM 法廣告計價？FB 廣告
　　CPM 計價大約多少？

七、請說明何謂 CPC 計價法？目前 Google 聯播網採取 CPC 計價法，
　　其價格大約多少？

八、請說明何謂 CPV 廣告計價法？哪個網站採用此法？其 CPV 價格又是
　　多少？

九、請列示網路廣告的主要五種行銷管道。

十、請列示數位廣告代理商提供哪些服務內容？

十一、請列示數位廣告代理商的五大選擇重點。

十二、請列示在投放數位廣告之前，廠商應先做好的四項功課為何？

Chapter 10

廣告代言人

10-1 廣告代言人的種類、優點及選擇條件

一、代言人的四個種類來源

廣告代言人有四個種類來源，如下：

(一) 藝人代言人：

包括歌手、演員、主持人、明星等，均可視為藝人代言人。由藝人出面代言產品廣告是最常見的，也最廣為大家所熟悉，其成效也很顯著。

(二) 推薦代言人：

包括醫生、律師、教授、運動選手、名模等，均可視為廣告中的推薦代言人。最近幾年來，很多中老年人的保健食品、保養品及藥品等，幾乎都使用醫生做廣告片的推薦人，以加強廣告片的說服力。例如舒酸定牙膏、普拿疼頭痛藥、肌立貼布、娘家益生菌、維骨力等幾十個品牌的廣告片，幾乎都用醫生為證言人或推薦人，效果也不錯。

代言人的四個種類

1 藝人代言人
演員、歌手、主持人、藝人

2 推薦代言人
醫生、律師、教授、名模、運動選手

3 網紅代言人
網紅、YouTuber

4 素人代言人
上班族、平凡人

(三) 網紅代言人：

由於社群媒體、自媒體、影音平臺等崛起，近年來也流行運用知名網紅作為廣告代言人。由於這些大網紅或微網紅，都有忠心耿耿的粉絲追隨，因此也成為產品代言人的最佳選擇之一。這些網紅和 YouTuber 可區分為大網紅（百萬以上粉絲）及微網紅（5~10 萬粉絲），大網紅代言價碼比較高，微網紅比較便宜。比較知名的網紅，包括：蔡阿嘎、HowHow、這群人、阿滴英文、古阿莫、千千、理科太太、滴妹等。

(四) 素人代言人：

很多廣告片的主角人物，大都採用來自上班族大眾挑選出來的人物；其中，最有名的就是「全聯先生」。由於受到公司預算限制，很多的電視廣告片無法花費高昂藝人代言費用拍廣告。因此，只好選擇一般上班族作為角色人物。另外，像大金冷氣機廣告片，也選擇用該公司董事長做廣告人物；波蜜蔬果菜汁，也選擇用該公司總經理做廣告人物；這兩個素人代言人的廣告片，也都很成功表達出來。

二、近年來有成效的藝人代言人

最近幾年來，已經被證明具有代言效果的知名藝人代言人，大致如下：

蔡依林	張鈞甯	桂綸鎂	金城武	盧廣仲	蕭敬騰	劉德華	賈靜雯
楊丞琳	林依晨	吳珊儒	LuLu	張孝全	苗可麗	周興哲	柯佳嬿
郭富城	林心如	陳美鳳	白冰冰	吳念真	隋棠	謝震武	林志玲
五月天	許光漢	徐若瑄	吳慷仁	陶晶瑩	田馥甄	Ella	Selina
陳意涵	楊謹華	瘦子	林美秀	曾國城	吳宗憲	小 S	胡瓜等

三、藝人代言人的優點

選定藝人代言人為產品或品牌做廣告宣傳，具有以下三項優點：

(一) 有藝人作為廣告片中的角色人物，可以對消費者有吸睛效果，提高對廣告片的注目度及注意度；也可吸引消費者專心收看此支廣告片。

(二) 有藝人做代言人，可使消費者因對此藝人較有好感，故可移轉此種內在情感到此產品上。

(三) 綜合來說，就是比較可以快速拉升對此產品的品牌知名度、注目度及好感度。

藝人代言人的優點

1	2	3
較有吸睛效果！可提高注目度！	對產品可能會有藝人情感性移轉	可有效拉升對品牌好感度及知名度

四、選擇藝人代言人四條件

藝人代言人應該如何挑選呢？主要可依據以下四條件：

1. 具有高知名度及親和力。
2. 具有良好形象及可信賴度。
3. 該產品特性應與代言人個人特質相互一致及契合。
4. 具有正面話題新聞性。

以下是成功選擇藝人代言人的很好案例：

1. 統一超商 CITY CAFE →桂綸鎂。
2. 老協珍→郭富城及徐若瑄。
3. 日立家電→五月天。
4. 桂格人蔘雞精→謝震武。
5. Derek 衛浴→張鈞甯。
6. 浪琴錶→林志玲。
7. 分解茶→柯佳嬿。
8. OPPO 手機→田馥甄。

選擇藝人代言人四條件

1	2	3	4
具有高知名度及親和力	具有良好形象及可信賴度	該產品特性與代言人個人特質相契合、一致！	此藝人具有正面話題新聞性

10-2 代言人的費用及該做什麼事

一、代言人費用

選擇藝人做廣告片主角或年度代言人，其費用是很高的，如下表所示：

級別	年度代言費用
1. 特級藝人	1,000 萬臺幣以上（例如金城武）
2. A+ 級	500~900 萬
3. A 級	300~500 萬
4. B 級	100~300 萬

例如像林志玲、金城武、劉德華、郭富城、王力宏等特級藝人的廣告片拍攝或年度代言人費用，幾乎都在 1,000 萬元以上。當然，能夠找這些特級大咖藝人，必然都是市場上的大品牌，有大預算才能請得起的。

二、年度代言人該做什麼事

作為年度品牌代言人，究竟會做哪些事情呢？大致會有如下事項：

1. 一年度內，應該拍攝多支（2~3 支）電視廣告片 (TVCF)。
2. 應該拍攝多少組平面照片，以供平面報紙、雜誌、DM 特刊、手提袋及宣傳品之用。
3. 出席新品上市記者會、新代言人記者會。
4. 出席活動（例如：一日店長）。
5. 協助社群網路之宣傳，例如 FB、IG、YouTube、LINE 等貼文、貼照片、製拍短影音等宣傳露出及推薦。
6. 其他相關事宜。

年度代言人該做哪些事

1
一年度內拍攝 2~3 支電視廣告片

2
拍攝多組平面照片

6
其他相關事項

3
出席各項產品記者會、發表會

5
協助在社群網路及官方網站之宣傳露出與推薦

4
出席一日店長活動

10-3 代言人合約期間及合約內容規範

一、代言人合約期間

一般而言，代言人的合約期限都是以一個年度為原則，故稱為「年度品牌代言人」。合約到期後，如果代言人表現良好，對廠商的品牌力拉升及業績成長，都帶來明顯的助益，那麼可以再續簽一年。到目前為止，代言壽命最常的是，桂綸鎂為統一超商代言的 CITY CAFE 代言期限，已長達十年之久了。

二、代言合約內容

一般而言，代言合約的條款內容，大致可包括下列幾項：

1. 代言費用多少？如何支付？
2. 代言期間為多久？
3. 代言期間必須做哪些事情？
4. 代言廣告片可以播放多久？在哪些地區可以播放？
5. 代言有哪些禁止條款？有哪些中止條款？
6. 代言如果發生問題或糾紛時，該如何處理？
7. 其他事項。

藝人代言人合約內容事項

1	一年代言費用多少？如何支付？	4	代言廣告片可播放多久？哪些地區可播放？
2	代言期間多久？	5	有哪些禁止、中止條款？
3	代言期間必須做哪些事情？	6	糾紛發生時，該如何處理？

三、代言應避免事項

找藝人代言時,應注意避免下列二個事項:

1. 應該避免消費者在觀看廣告時,只注意到代言人,而忘記或忽略了該產品是什麼。如此,就成為無效的廣告片了。
2. 應該避免藝人在同一時間內,代言太多支品牌廣告,會使消費者產生混淆,而記不住哪支產品,這也是無效的廣告片了。

代言人應避免事項

① 藝人代言人應避免同一時間,代言太多支品牌廣告

➕

② 應避免廣告片宣傳時,只注意到藝人,卻忽略了是什麼產品

10-4 藝人代言如何做數據化效益分析

一、代言人效益分析

對年度品牌代言人的效益分析，主要從二個角度來分析：

一是從提升品牌力的角度來看。品牌代言一年之後，應該以代言之前一年的品牌知名度及好感度，與代言之後那一年相較，是否有顯著提升；如果有顯著提升品牌力，就代表此藝人代言有產生正面效益及成果了。

二是從成本與效益的數據分析角度切入。亦即，要分析代言總成本與代言效益數據的比較。如下：

代言總效益	代言總成本
年度營收額增加額 × 毛利率 ＝毛利額淨增加	代言人費用＋廣告宣傳總費用 ＝代言總成本

只要：
毛利額淨增加＞代言總成本
→就是值得了！
→總效益＞總成本

舉例：

代言總效益	代言總成本
年度營收額增加 2 億元 × 毛利率 40% ＝ 8,000 萬元	代言人費用 800 萬元＋年度媒體廣宣費用 5,000 萬元 ＝ 5,800 萬元

→因 8,000 萬元 ＞ 5,800 萬元，
故此次年度代言人的數據效益是正面、值得的！

藝人代言廣告近年來成功案例，拉升業績、提高品牌資產的 53 位代言人：

No	品牌	代言人
1	CITY CAFE	桂綸鎂
2	SK-II	湯唯
3	阿瘦	隋棠
4	桂格養氣人蔘	謝震武
5	桂格大燕麥片	吳念真
6	長榮航空	金城武
7	山葉機車	蔡依林
8	adidas	楊丞琳
9	佳麗寶化妝品	江蕙
10	象印	陳美鳳
11	OSIM 天王椅	劉德華
12	宏嘉騰機車	周杰倫
13	台啤	蔡依林
14	浪琴錶	林志玲
15	Derek 衛浴	張鈞甯
16	Uber Eats	林志玲、伍佰
17	御茶園	林志玲＋Akira（林志玲的先生，日本人）
18	foodpanda	吳慷仁
19	大研生醫魚油	陳美鳳
20	日立家電	五月天
21	TOYOTA SIENTA 汽車	五月天
22	老協珍	郭富城、徐若瑄
23	海倫仙度絲	賈靜雯
24	桂格燕麥飲	吳慷仁

No	品牌	代言人
25	安怡奶粉	張鈞甯
26	娘家滴雞精	白家綺
27	黑人牙膏	張鈞甯
28	日立冷氣	張鈞甯
29	手遊	楊丞琳
30	克寧奶粉	Selina
31	HH 私密保養品	楊丞琳
32	原萃綠茶	阿部寬
33	屈臣氏	曾之喬
34	享食尚滴雞精	蘇宗怡
35	P&G Crest 牙膏	蔡依林
36	桂格完膳	白冰冰
37	桂格燕麥片	吳念真
38	御茶園	金城武
39	富士 isofa 按摩椅	林依晨
40	高露潔牙膏	張孝全
41	舒酸定牙膏	江振誠主廚
42	VOLVO 汽車	桂綸鎂
43	朵茉麗蔻	苗可麗
44	SIENTA 汽車	五月天（阿信）
45	adidas	楊丞琳
46	優衣庫	桂綸鎂
47	SEIKO 精工錶	王力宏
48	TOKUYO 按摩椅	林依晨
49	澡享沐浴乳	林美秀
50	全聯超市	全聯先生
51	福特 Ford 汽車	張鈞甯
52	富士通冷氣	林心如
53	三菱冷氣	林志玲

（資料來源：市場實務人士提供及作者本人研究）

最有效、最常見、最重要的品牌代言人

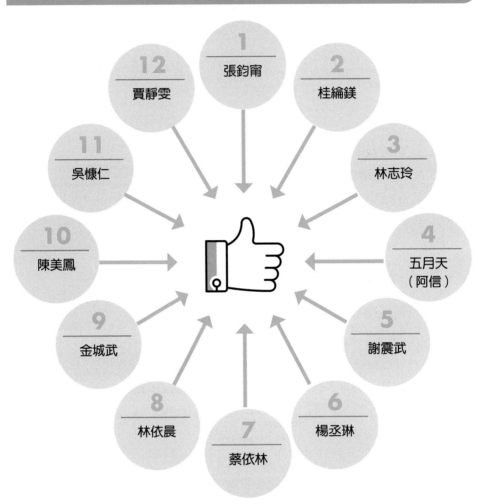

考試及複習題目（簡答題）

一、請列示品牌代言人的四個種類來源。

二、請列示藝人代言的三項優點為何？

三、請列示選擇適當藝人代言人的四項條件為何？

四、請列示藝人代言人區分為四個等級的年度代言費用是多少？

五、請列出藝人代言人合約應注意內容事項有哪些？

六、請列示藝人代言人應避免事項。

七、請列出藝人代言人如何做數據化的效益分析？

Chapter **10**

廣告代言人

Chapter 11

廣告（行銷）企劃案

11-1 　廣告（行銷）企劃案撰寫內容分析

11-1 廣告（行銷）企劃案撰寫內容分析

本節將要介紹一個完整的「行銷（廣告）企劃案」撰寫內容說明。這是一個完整的架構，涵蓋領域非常廣，也是一個完整的企劃案。但是在實務上，不一定需要寫這麼完整的內容與項目。因為企業實務上，每天都有新的狀況出現，或是有新作為，或是一些連續性、常態規律化的行動，未必每次都需提出如此完整的企劃案。

本章所要介紹的企劃案，比較適合下列三種狀況：

第一，廣告公司為為爭取年度大型廣告客戶，所提出的完整比稿案或企劃案。

第二，公司計劃新上市某項重要年度產品，所提出的年度行銷企劃案。

第三，公司轉向新行業或新市場經營，正計劃全面推展。

本章所介紹的行銷（廣告）企劃案，算是在行銷領域中基本、重要的根本企劃案。其他較為零散的企劃案，也是從本案中再抽出獨立撰寫。

下面將開始介紹本企劃案撰寫的重要綱要項目。

一、導言

本案的目的與目標

二、行銷市場環境分析

(一) 市場分析 (Market Situation)

1. 市場規模 (Market Size) 及其成長率多少。
2. 重要品牌占有率 (Market Share of Major Brand) 多少。
3. 價格結構 (Price) 及比較分析。
4. 通路結構 (Channel) 及上架狀況分析。
5. 推廣 (Promotion) 主力做法及廣告預算多少。
6. 市場主力產品分析。

(二) 競爭者分析 (Major Competitors)

1. 主要品牌產品特色分析及差異化分析。
2. 主要品牌產品價格分析、業績分析及市占率分析。
3. 主要品牌通路分布分析。

市場分析

1	市場產值規模多大，及其成長率多少
2	主力品牌是哪些及其市占率多少
3	價格結構及比較分析
4	通路結構及上架狀況
5	推廣主力做法及廣告預算多少
6	市場主力產品分析

市場競爭者分析

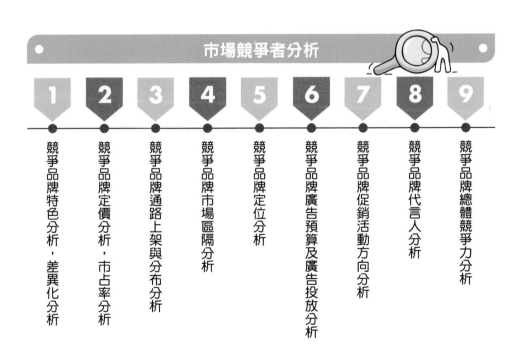

1	2	3	4	5	6	7	8	9
競爭品牌特色分析，差異化分析	競爭品牌定價分析，市占率分析	競爭品牌通路上架與分布分析	競爭品牌市場區隔分析	競爭品牌定位分析	競爭品牌廣告預算及廣告投放分析	競爭品牌促銷活動方向分析	競爭品牌代言人分析	競爭品牌總體競爭力分析

    4. 主要品牌目標市場區隔分析。

    5. 主要品牌定位分析。

    6. 主要品牌廣告活動分析。

    7. 主要品牌販促活動分析。

    8. 主要品牌代言人分析。

    9. 主要品牌整體競爭力分析。

(三) **商品分析** (Product Analysis)

    1. 商品的包裝方式、規格大小、各種包裝的售價、各種包裝的銷售比例分析。

    2. 商品的特色與賣點。

    3. 各商品的行銷區域及上市時期。

    4. 各商品的季節性銷售狀況。

    5. 各商品在不同通路的銷售比例。

(四) **消費者分析** (Consumers Analysis)

    1. 重要的使用者與購買者是誰？是否為同一人？購買總數量？

    2. 消費者在購買時，會受到哪些因素影響？購買重要動機為何？

    3. 消費者在什麼時候買？經常在哪些地點買？或時間、地點均不定？

商品分析

1 商品的包裝方式、規格大小、售價及銷售占比

2 各商品的特色與賣點

3 各商品的行銷區域及上市時期

4 各商品的季節性銷售狀況

5 各商品在不同通路的銷售占比

4. 消費者對商品的要求條件，重要的有哪些？

5. 消費者每天、每週、每月或每年的使用次數？使用量？

6. 消費者大多經由哪些管道得知商品訊息？

7. 消費者對此類商品的品牌忠誠度程度如何？很高或很低？

8. 消費者對此類商品的價格敏感度高低如何？對品牌敏感度高低如何？對販促敏感度高低如何？對廣告吸引力敏感度高低如何？

9. 不同的消費者是否有不同包裝容量的需求？

三、定位：產品現況定位 (Positioning)

1. 市場對象：什麼人買？什麼人用？

消費者分析

1 使用者與購買者是誰？購買數量多少？

2 消費者購買動機？受哪些購買因素影響？

3 消費者在哪些地點買？何時會買？

4 消費者對商品特色的要求為何？

5 消費者每天、每週、每月或每年的使用次數及使用量多少？

6 消費者由哪些管道知悉此商品訊息？

7 消費者對此品牌忠誠度如何？

8 消費者對此商品的價格敏感度如何？

9 消費者對此廣告吸引力高低如何？

2. 廣告訴求對象：賣給什麼人？

3. 產品的印象及所要塑造的個性。

4. 定位就是產品的位置究竟站在哪裡？您要選好、站好、永遠站穩，讓消費者很清楚。

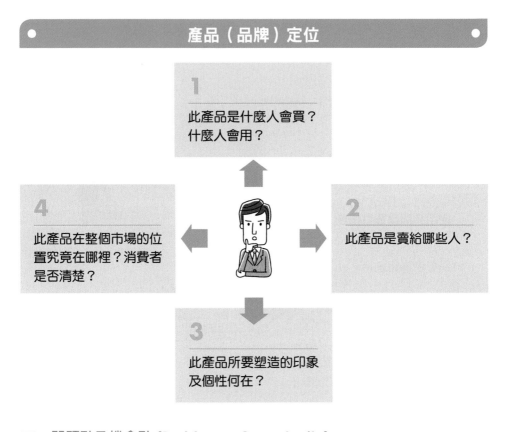

產品（品牌）定位

1 此產品是什麼人會買？什麼人會用？

4 此產品在整個市場的位置究竟在哪裡？消費者是否清楚？

2 此產品是賣給哪些人？

3 此產品所要塑造的印象及個性何在？

四、問題點及機會點 (Problem & Opportunity)

1. 問題點分析與克服。

2. 機會點分析與掌握。

1 如何克服不利的問題點

+

2 如何掌握有利機會點

五、行銷計畫 (Marketing Plan)

1. 行銷目標 (Marketing Goal)、目的與任務。
2. 定位 (Positioning)。
3. 目標市場（對象，Target）(TA, Target Audience)。
4. 產品特色與獨特賣點 (USP, Unique Sales Point)。
5. 行銷通路布局。
6. 銷售地區布局。
7. 定價策略。
8. 推廣宣傳策略與計畫。
9. 服務策略與計畫。

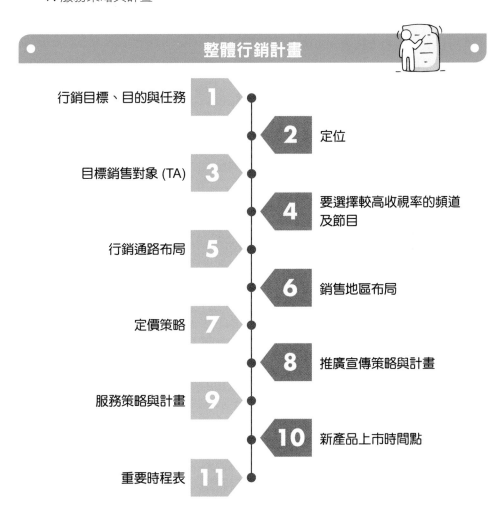

整體行銷計畫

行銷目標、目的與任務 **1**	
	2 定位
目標銷售對象 (TA) **3**	
	4 要選擇較高收視率的頻道及節目
行銷通路布局 **5**	
	6 銷售地區布局
定價策略 **7**	
	8 推廣宣傳策略與計畫
服務策略與計畫 **9**	
	10 新產品上市時間點
重要時程表 **11**	

10. 上市時間點。

11. 重要時程表。

六、廣告計畫 (Advertising Plan)

1. 廣告目標 (Advertising Goal) 與任務。

2. 廣告訴求對象 (Target Audience, TA)。

3. 消費利益點與支持點何在。

4. 廣告呈現格調 (Tone) 與調性、人物、背景、視覺要求。

5. 創意構想與執行。

6. 廣告效果的事後評估及必要調整。

7. 廣告是否需要藝人代言？建議用哪一位？為什麼？

8. 廣告預算提列多少？未來三年的廣告預算多少？是否足夠？

9. 廣告投放的媒體組合及選擇為何？

廣告計畫

1 | 廣告目標與任務何在

2 | 廣告的對象 (TA) 是哪些人

3 | 廣告的訴求點、對消費的利益點及支持點何在

4 | 廣告呈現調性、背景、視覺要求有哪些

5 | 廣告創意與執行

6 | 廣告效果的事後評估及必要調整

7 | 廣告是否需要藝人代言？建議用哪一位？為什麼？

8 | 廣告預算未來三年要提列多少？是否足夠？

9 | 廣告投放的媒體組合及選擇為何？

七、媒體計畫 (Media Plan)

1. 媒體目標與任務。
2. 媒體預算多少。
3. 媒體分配在哪些傳統媒體及數位媒體上。
4. 媒體實施期間分配（一年內分配時間點）。
5. 媒體公關（記者、編輯）與報導露出。
6. 財經媒體專訪計畫。
7. 媒體效益事前預估及事後評價。
8. 媒體呈現的創意計畫。

媒體計畫

1 媒體目標與任務

2 媒體預算多少

3 媒體分配在傳統及數位媒體之比例？媒體組合選擇為何？

4 媒體廣告露出時間分配計畫

5 公關報導計畫

6 財經媒體專訪計畫

7 媒體效益事前預估及事後評價

8 媒體呈現創意計畫

八、促銷活動計畫

1. 販促活動目標。
2. 販促活動的策略與誘因。
3. 販促活動的執行方案內容。
4. 販促活動時間表。

九、體驗行銷與網紅行銷計畫

1. 體驗行銷 (Experience Marketing) 計畫重點。
2. 網紅行銷 (KOL Marketing) 計畫重點。

十、工作進度總表

十一、總行銷預算表
1. 廣告預算。
2. 販促預算。
3. 媒體公關預算。
4. 體驗行銷預算。
5. 網紅行銷預算。
6. 記者會、發表會預算。
7. 藝人代言人預算。
8. 其他預算。

總行銷預算表

1 媒體廣告預算	2 促銷預算	3 公關報導預算	4 體驗活動舉辦預算
5 網紅行銷預算	6 記者會、發布會預算	7 藝人代言人預算	8 其他預算

Chapter 12

廣告公司組織表

12-1 廣告公司三種組織表

一、中小型廣告公司組織表（之一）

中小型廣告公司組織表比較簡單一點，主要是力求降低人力成本，其組織架構大致如下：

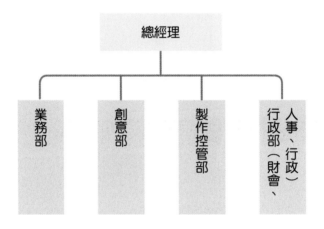

二、大型廣告組織表（之二）

大型廣告公司組織表就比較完整一些，因為它的大客戶比較多，要求也比較高；其組織架構大致如下：

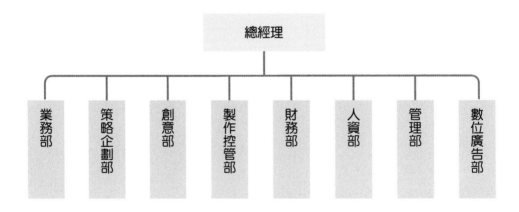

三、完整廣告公司組織表（之三）

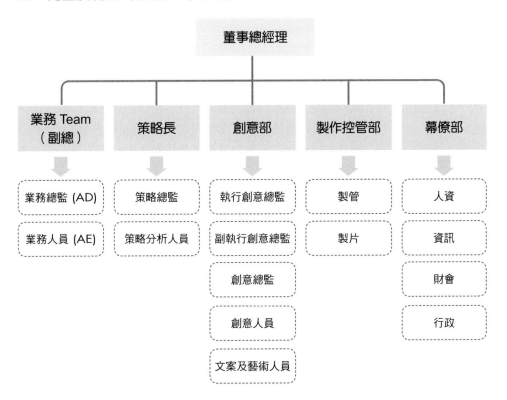

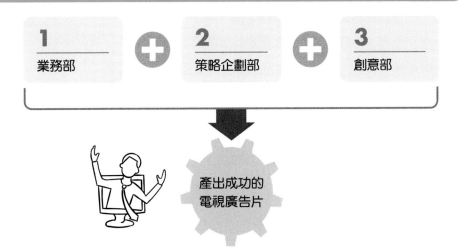

12-2 廣告公司各部門工作簡介

一、業務部門 (Account Dept.)

廣告業務是廣告公司的火車頭，任何專案都必須經由業務發起，並且是面對客戶的單一部門，市調／策略、創意、製作部門、外包廠商都必須透過或由業務陪同向客戶說明或一同開會，也就是說，一個專案從出生、成長到結束，業務必須像父母照顧小孩一般，亦步亦趨，盡全力讓專案開花結果以及每位同仁都滿意開心。

我們會把業務部門的同仁稱為：業務、Account People，職位有：AE（執行）、AM（經理）、AD（總監）。

廣告業務部門的三大工作範疇如下：

(一) 客戶服務

傾聽客戶的需求，了解客戶的難處，絕對不是一個口令一個動作，而是以自身的廣告專業，為客戶設想最好的方案，更必須隨時平衡客戶以及公司內部的不同需求。

(二) 企劃提案

廣告業務通常都是身兼企劃人員（會帶領提案會議，負責提案簡報的製作），在某些公司會合一稱為：業務企劃人員。業務必須與客戶進行前端行銷討論、傳播訴求、策略的提出，整合行銷推廣企劃，並且協助創意進行提案，因此也有不少廣告業務最後是被挖去客戶端當行銷人員。

(三) 專案執行

控制好時間、費用、創意品質、客戶需求，任何一點都必須在專案過程中兼顧，不得在執行過程中有任何閃失。

二、市場調查部門 (Market Research Dept.)

客戶的行銷簡報，常常伴隨著大量的市調資料，動輒百頁的 ppt 檔案，大量的統計數字，光是消化分析就會花上好幾個小時，甚至好幾天，此時就非常需要市調部門的專業協助，另外，各種二手資料的蒐集，或以舉辦小型消費者市調、焦點團體討論 (Focus Group Discussion) 等，採行各種質或量化調查來蒐集第一手資料，都是判斷及建議行銷策略的必須內容。

現在還會使用像社群輿論分析 (Social Listening) 這類工具，來蒐集網路上的輿論資料，每週（或每天）看系統自動發出的報表，以減少人工作業。

廣告公司業務部門三大工作

1 | 廣告之客戶服務、接洽、聯絡

2 | 初步企劃提案

3 | 專案執行控管與負總責

廣告公司業務部門人員的職稱排序

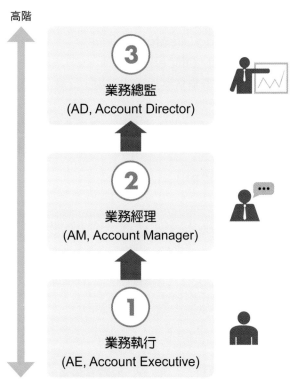

高階

3
業務總監
(AD, Account Director)

2
業務經理
(AM, Account Manager)

1
業務執行
(AE, Account Executive)

基層

廣告公司在提案過程中的簡易市調方法

① 二手資料蒐集、分析及引用

(1) Google 搜尋
(2) Social Lisening
　　（網路輿情分析）

＋

② 一手資料（市調）

(1) 消費者焦點座談會
(2) 小型問卷調查（電話
　　調查、email 調查）

三、策略部門 (Planner Dept.)

如果再分工細一點，行銷策略會是由策略企劃人員 (Strategic Planner) 主導負責，以提供客戶專業建議。

1. 策略企劃總監 (Planning Director)
2. 策略長 (Chief Strategy Officer)

（註 1：策略企劃部主要負責客戶端的市場、行業、產品、競爭、消費者、市調、行銷等策略及企劃事宜。）

（註 2：策略企劃部必須在中型或大型的廣告公司或廣告集團，才會有此編制。小型廣告公司是沒有的，此功能就由業務 AE 人員來兼任。）

四、創意部門 (Creative Dept.)

廣告公司策略企劃人員的四大工作

策略企劃工作項目

1 市場分析　**＋**　**2** 產品分析　**＋**　**3** 消費者洞察、洞悉　**＋**　**4** 創意策略的引出及建議方向

(一) 創意部門：把行銷策略轉換成消費者看得懂又想買單的內容

　　並不是從接到任務之後的一開始，就會寫文案或打開 Photoshop，而是要先討論出一個溝通策略，當從策略反覆推演後，會慢慢發現，當向消費者傳達某一種訴求或訊息時 (what to say)，有可能會影響或打動消費者，讓他們有所行動。而如何傳達 (How to say)，則是創意部門肩負的責任，可以從「創意概念、文案以及視覺」三方面去解構任何一種廣告（呈現），這也恰恰就是創意部門的核心價值。

1. 創意概念 (Creative Concept)

　　概念是創意的起點，講白話就是將硬邦邦的產品或傳播訴求轉換成消費者語言。就像人與人之間的對話，你要溝通一件事，說得直接有時造成反效果，說得漂亮才有可能超越預期，像是威而剛的產品訴求，實在是難以直接說得明白，但如果轉換概念變成「男子漢就該起頭」，或是「男人都渴望自由飛翔的能力」，在創意上就有無限種可能來清楚傳達訴求，等這個概念明確之後，才會開始想文案跟視覺，文案跟視覺也不會脫離這個概念。

2. 視覺 (Visual)〔或藝術 (Art)〕

　　廣告是帶點藝術的商業行為，在視覺上是十分講究美感，如何第一眼就吸引住消費者目光，就得仰賴創意的功力，每個元素的編排組合都是非常重要，哪怕只是多一個字或少一個字，都會對視覺造成影響，所以千萬不要跟創意說「只是改一個小地方很簡單」，事實上哪一點都不簡單！

3. 文案 (Copy)

　　文字要怎麼說得簡單、說得清楚、說得動聽，就是文案的辛苦之處，必須轉化產品或傳播訴求成為簡短的消費者語言，並且讓它朗朗上口，畢竟消費大眾接觸一則廣告的時間都是以秒計算，若文字無法說進心坎裡，再厲害的視覺，也無法完整表達訴求。

　　在廣告公司裡，並不會有一個人專門負責去發想「創意概念」，通常是由整個團隊一起動腦，但視覺藝術跟文案會有獨立職位，職稱為 Art 與 Copywriter。

廣告公司創意部門的三大工作

1 創意概念及創意腳本提出 (Creative Concept)

2 視覺 (Visual) 畫面定調〔藝術 (Art)〕

3 文案確定 (Copy)

(二) 創意部門職稱與職務

下面是創意部門的幾位主管級名稱，包括：

1. ECD (Executive Creative Director)，中文稱為「執行創意總監」。
2. CD (Creative Director)，中文稱為「創意總監」。
3. GCD (Group Creative Director)，中文稱為「群創意總監」。
4. AD (Art Director)，中文稱為「藝術總監」。
5. CW (Copywriter)，中文稱為「文案指導」。

（註：創意部門是廣告公司的最核心、最主力部門，也是最重要部門，此部門不行，廣告公司就很難經營；廣告客戶看的也是這個部門強不強。）

五、製管部門 (Traffic Dept.)

顧名思義是「各種製作內容的管理」，只要是製作上跟廣告素材相關的，都是由製管部門負責，主要工作是：

(一) 對外聯繫廠商

舉凡攝影師、電腦修圖、經紀公司、化妝造型師、印刷廠、禮品商，甚至裝潢展覽需要的木工團隊、壓克力公司、輸出公司等，只要有這些執行製作需求，製管都會幫忙聯絡、協調以及處理各種相關事務。

廣告公司製作管制部門工作

1 對外聯繫協力廠商

2 估價與挑選廠商

3 對內流程安排，掌控工作進度

4 完稿

(二) 估價與挑選廠商

　　既然是對外廠商窗口，相關執行費用的估價單跟協力廠商名冊，也是由製管產出，再由業務向客戶提案確認，廣告公司並不會假裝每一件事情都是自己做的，也沒有需要隱瞞，因為採用專業的協力單位，協調控管得好，是廣告公司對客戶提高作業品質的保證之一。

(三) 對內流程安排，掌控工作量

　　以往的製管，還必須負責掌控創意部門的負荷量，協助分配跟調整創意團隊的工作，並協助業務去做流程跟專案的時間掌控。

(四) 完稿

　　由於客戶的廣告平面媒體可能有百百種尺寸，創意人員若需要做不同尺寸的調整，可能就會耗掉太多時間，因此通常製管部門會有完稿人員，會由完稿人員協助製作不同尺寸的平面廣告。如：報紙、雜誌，又或是通路宣傳物。但現在很多廣告公司會把這項工作交給負責純製作的部門，或由內部創意人員外包給廠商完成。

六、製片部門 (Produce Dept.)

　　若與影片廣告相關，則是由製片部門負責，主要工作就是對應影視製作公司，並負責起對內及對外的協調、時間的掌控，以及客戶估價單的產出，當影片的創意腳本確認後，製片會先找到合適的製作公司，展開一連串工作流程。

(一) 導演建議

　　廣告導演各有特色以及擅長，當然還有檔期及價格問題，要滿足創意腳本的調性與風格，為廣告影片加分，導演絕對是靈魂人物，而挑選導演都是與客戶從導演過往的作品集，篩選出合適者。

(二) 分鏡腳本

　　選定導演後，創意人員會向導演解釋一遍整個廣告影片的背景、主要

的訊息、表現的形式與重點等，導演會再重新解讀並與製作團隊討論後，提出確切的分鏡腳本，也就是實際拍攝的每一個鏡頭，以平面圖像的方式與客戶確認。

(三) 製作前準備會議 (Pre-production Meeting, PPM)

通常最少會安排兩次 PPM 會議，舉凡分鏡腳本、拍攝形式參考、場景、服裝造型、演員選角、光影、風格等，都會在會議上確認，通常第一次是確認發展方向，第二次則是實際確認內容。

(四) 定裝

演員確認後，會在拍攝前確認最後服裝造型。

(五) 實際拍攝日

(六)A Copy

根據拍攝的內容及腳本進行剪接，此時不會有任何特效，主要是確認每個鏡頭與演繹的流程是否符合需求。

(七) B Copy

根據 A Copy 來調整所有畫面，除了聲音外，皆已全部完成。

(八) 錄音

通常在 A 或 B Copy 時，會提出錄音人選及背景音樂供客戶確認，並在確認 B Copy 後正式執行錄音，通常客戶會到場確認，並視為正式完成交片。

(九) 播帶／影片檔

完成之後，以往會因應播放媒體平臺的需求，提供對應的播帶或不同影片格式檔案，專案就此宣告結束。

大型廣告公司製片部門工作

1
導演建議

2
分鏡腳本確認

3
製作攝影前
準備會議
(PPM)

4
演員定裝

5
實際拍攝日

6
A Copy
（粗剪影片）

7
B Copy
（精剪影片）

8
錄音

9
完成影帶

12-3 廣告 AE 人員必須了解廣告主公司及產品的狀況

作為一個成功的廣告 AE 人員,是必須了解廣告公司狀況,包括以下幾點:

1. 要觀察及了解廣告主客戶的產品、客戶所在領域、有哪些銷售通路、有哪些主產品、有哪些目標顧客群、銷售狀況等。
2. 要得知客戶有什麼困難或難題需要解決的、過去的問題點在哪裡、該如何協助客戶解決問題。
3. 要詳細了解客戶過去的行銷廣告案例,包括預算多少、媒體投入概況、廣告成效、是否有代言人等。

廣告公司 AE 業務人員必須充分了解客戶端三大領域

1 必須充分了解客戶端的產品、市場、競爭對手、目標消費客群、銷售狀況等。

2 必須充分了解客戶端目前有何困難點、及此次廣告的目的、任務為何。

3 必須充分了解客戶端過去做了哪些廣告片及媒體投放、投放成效及問題點投放預算多少。

12-4 廣告 AE 人員的工作及任務

許子謙先生曾在廣告公司擔任資深 AE 人員，並有廣告公司多年累積經驗，他在網路曾有一篇文章提到對廣告 AE 人員的工作描述及其任務為何，資料極為詳細，重點敘述如下：

一、我心目中的好 AE

應與客戶保持緊密聯絡，整個專案能否順利執行，往往在於隨時聯繫，以及與客戶、協力廠商三方面建立友善的關係。

1. AE 應首要確保時間進度和預算掌控能一切順利。
2. AE 應了解客戶的歷史、品牌精神與商品特色。
3. AE 應對客戶曾經有過的廣告策略瞭若指掌（競品和相似產品最好也能）。

二、廣告 AE 的工作描述

1. 管理廣告客戶的廣告任務或綜合服務，作為客戶與公司之間的溝通橋梁。
2. 負責聯絡客戶與其他單位的工作人員，並協調進行廣告活動。
3. 同時處理多達 4~6 個客戶，面對較大的客戶，一位 AE 可能只負責一個或兩個大型客戶。

三、廣告 AE 的一般任務

1. 安排會議／客戶聯繫。
2. 與客戶討論，確定廣告的規格內容（時間、預算、工作範圍），亦即 BRIEF。
3. 與內部同事（通常是創意部）設計出一套能滿足廣告客戶的提案和預算。
4. 進行提案＋簡報，與（客戶經理＋創意部）一起擬訂廣告計畫，滿足客戶端的想法和預算。
5. 協助客戶制訂行銷策略，通常是以季、年或某一個時間波段為單位。
6. 提出廣告創意，讓客戶批准或修改。
7. 承擔專案管理角色任務，確保專案能夠完整順利的落實。
8. 收款及付款。
9. 監測廣告成效，按時提出數據報告和建議（也應給予結案報告）。
10. 與媒體端、協力廠商、製作公司保持接觸，以確保有效的信息流動。
11. 讓內部工作人員得到客戶與 Brief 的詳細資料。

12. 創造業務機會 (Pitch)，以爭取新業務的機會。

13. 創造業務工具 (Sales Kit)，增加業務提案時的成功率。

14. 將制式老舊的公司簡介進行修改優化，也是廣告 AE 的任務之一。

考試及複習題目（簡答題）

一、請列示成功電視廣告片，須仰賴廣告公司哪四大部門的全力通力合作？

二、請列示廣告公司在為客戶提案過程中，蒐集資料的二種來源為何？

三、請列示廣告公司策略企劃部的四大工作內容為何？

四、請列示廣告公司創意部門的三大工作為何？

五、請列示 ECD 人員的中文職稱。

六、請列示 PPM 之中英文。

七、請列示 AE 人員的中文職稱。

八、請列示廣告公司 AE 業務人員必須充分了解客戶端哪三大領域事項？

Chapter 13

廣告公司經營成功法則與運作流程

　　臺灣長期位居廣告業業績第一名的李奧貝納廣告公司成功經營法則，其臺灣區執行長黃麗燕表示如下幾點：

一、堅守五贏哲學

　　即指：員工贏、公司贏、消費者贏、客戶公司贏、客戶個人贏；在這五個面向的關係人都能獲勝成功，大家能皆大歡喜。

二、要協助廣告主（客戶）達成營運目標，並成為客戶端唯一且最重要的行銷夥伴

　　黃麗燕執行長表示，客戶公司的最後業績能夠成長且達到成功目標，這才算是成功的廣告公司，客戶業績不好，就是失敗的廣告公司。

三、李奧貝納一心一意只想達成客戶的目標，而不是得到廣告大獎

　　她說，李奧貝納一心一意只想達成客戶的目標，而不是得到廣告大獎。海尼根啤酒在 2001 年時市占率只有 5%，但李奧貝納成為代理商之後，市占率一路成長，目前已達 15%。

四、要團隊永遠跑在客戶面前，並作為客戶行銷部門的延伸

　　黃執行長要團隊永遠跑在客戶面前，並作為客戶行銷部門的延伸。

五、李奧貝納不只主觀了解客戶目標，還能保持對客戶市場的客觀性

六、未來的廣告行銷一定是「One Team」（一個團隊）作業，而且為客戶提供全方位的解決方案

　　黃執行長認為未來的廣告行銷一定是「One Team」（一個團隊）作業，而且為客戶提供全方位的解決方案。客戶來到李奧貝納，不用擔心數位找誰？公關找誰？活動找誰？而是全包！沒問題！

七、李奧貝納專注創意之外，亦更重視執行力

　　她認為，能為客戶公司賺錢的廣告創意，才是最好的創意！

八、只要客戶成為市場上領導品牌，李奧貝納也才能躍升為廣告業界的
　　領導品牌

　　她說，只要客戶成為市場上領導品牌，李奧貝納也才能躍升為廣告業界的領
導品牌。

李奧貝納廣告公司經營成功的八大法則

1 堅守五贏哲學

2 協助廣告客戶達成營運目標，並成為重要行銷夥伴

3 一心一意只想達成客戶訂定的業績目標及品牌目標

4 要永遠跑在客戶前面，並做客戶行銷部門的延伸

5 要了解客戶目標，並保持對客戶市場的客觀性

6 成立一個 One Team 團隊，為客戶提供全方位解決方案

7 專注創意並重視執行力

8 達成客戶成為市場上的領導品牌

13-2 廣告公司經營成功的 20 條法則

經蒐集實務界多家廣告公司的成功經驗，彙集 20 條成功法則如下：

一、廣告公司要成為卓越的 360 度品牌管家！

二、廣告公司存在的價值就是幫助客戶創造銷售佳績！

三、品牌打造是廣告公司提供給客戶的最大價值！

四、誰能了解消費者，誰就是廣告行業的 Leader（領導者）！

五、要發展出打動消費者的正確廣告策略及創意！

六、廣告公司必須做好 Consumer Insight（消費者洞察）！

七、廣告公司應該在客戶產品規劃源頭就要參與了！

八、廣告公司必須成為客戶端的產品專家才行！

九、必須讓客戶賺錢，廣告公司才能賺錢！

十、廣告公司的核心價值，就在廣告創意！

十一、廣告公司必須堅持每一項作品的高品質管控，因為品質是生命！

十二、廣告公司在商品開發的前端作業，就必須參與客戶端的作業！

十三、廣告公司必須精準抓住消費族群的心理！

十四、廣告公司必須贏得客戶的信任，並成為其專業的共同夥伴關係！

十五、廣告公司應力求廣告表現的差異化及行銷策略的創新！

十六、廣告公司在廣告創意設計時，應有充分的消費者市調，才能精準打中消費者！

十七、廣告公司必須先對客戶端的產品做好定位！

十八、廣告公司不能昧於良心，一味遷就客戶，當客戶端有決策錯誤時，廣告公司必須提出專業意見，要說出實話才行！

十九、唯有客戶成功，廣告公司才算成功！

二十、廣告公司要努力成為提供全方位的、360 度的整合性行銷傳播及廣告的解決方案給客戶！

茲圖示下列九項最重要的成功黃金法則：

廣告公司成功的黃金法則

| 1 | 2 | 3 | 4 | 5 | 6 | 7 | 8 | 9 |

1. 廣告公司存在的價值，就是幫助客戶創造銷售佳績

2. 品牌打造是廣告公司提供給客戶的最大價值

3. 要發展出能打動消費者的正確廣告策略及創意

4. 廣告公司必須做好消費者洞察

5. 必須讓客戶賺錢，廣告公司才能賺錢

6. 廣告公司的核心價值就在廣告創意

7. 廣告公司必須贏得客戶的信任，並成為其事業的共同夥伴

8. 不能一味遷就客戶，要說出實話才行

9. 唯有客戶成功，廣告公司才算成功

13-3 智威湯遜廣告公司的廣告運作全方位概述

國內知名的外商廣告公司智威湯遜 (J.W.T.) 有一套固定的廣告公司運作流程，重點摘述如下，提供了解一家外商廣告公司在運作流程上，應注意到哪些市場行銷、客戶、產品及競爭對手等之分析事項。

一、廣告活動計畫循環表

(一) 我們在哪裡？(Where are we?)

　　1. 考量社會及經濟因素 (Social and Economic Factors)
　　2. 考量整個市場狀況 (The Market)
　　3. 考量市場本身 (The Market Itself)
　　4. 考量市場上的產品狀況 (Product in the Market)
　　5. 考量市場上的人 (People in the Market)

我們在哪裡？(Where are we?)

1 考量社會及經濟因素

7 考量公司政策

2 考量整個市場

6 考量競爭性定位

3 考量市場本身

5 考量市場上的人

4 考量市場上的產品狀況

6. 考量競爭性定位 (Competitive Positioning)

7. 考量公司政策 (Company Policy)

(二) 我們為什麼在這裡？(Why are we there?)

1. 對過去的品牌及競爭性廣告分析 (Past Brand and Competitive Advertising Analysis)。

2. 對產品的描述及評估 (Product Description Evaluation)。

3. 對消費者的態度及感覺分析 (The Consumer: Attitude and Perception)。

4. 對影響品牌銷售的因素 (Factor Affecting Brand Sales)。

(三) 我們要到哪裡去？(Where could we be?)

1. 品牌目標 (Brand Objective)

(1) 行銷投資 (Marketing Investment)

(2) 產品機會 (Product Chance)

(3) 市占率預估 (Market Share Projection)

(4) 使用者變化 (User Change)

(5) 用法的變化 (Usage Change)

2. 品牌定位 (Brand Positioning)

3. 品牌策略 (Brand Strategy)

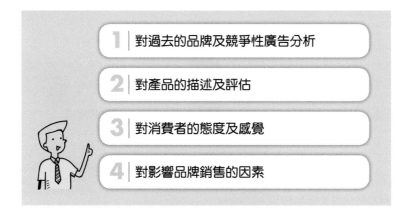

我們為什麼在這裡

1 | 對過去的品牌及競爭性廣告分析

2 | 對產品的描述及評估

3 | 對消費者的態度及感覺

4 | 對影響品牌銷售的因素

我們要到哪裡去

 品牌目標 ✚ 品牌定位 ✚ 品牌策略

(四) 我們如何到那裡？ (How do we get there?)

　　1. 創意簡述 (Summary of Creative Brief)

　　2. 創意建議 (Creative Proposal)

　　3. 媒體建議 (Media Proposal)

　　4. 市調建議 (Research Proposal)

我們如何到那裡

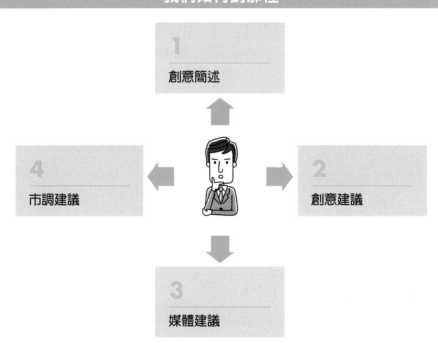

（五）我們正在去那兒嗎？ (Are we getting there?)（廣告活動六個月後檢討下列問題。）

    1. 檢討查核的建議日期 (Proposed Date of Review)

    2. 與預計目標相較實際的銷售成績 (Actual Sales Performance and Target)

    3. 消費者研究評估 (Consumer Research Evaluation)

我們正在去那兒嗎

1 檢討查核的建議日期

2 與預計目標相較實際的銷售成績

3 消費者研究評估

二、智威湯遜的品牌策略表

（一）我們在哪裡？ (Where are we?)

（二）什麼可以幫助我們到達目的？ (What will help us get there?)

三、智威湯遜的創意策略表

（一）廣告必須面對的機會或問題是什麼？

（二）廣告後，我們要讓人們想做什麼？

（三）我們要跟誰說？ (Who are we talking to?)

（四）從廣告中我們想到什麼反應？

（五）什麼樣的資訊及特性有助於產生這種反應？

（六）廣告應表達品牌個性中的哪些方面？

（七）有媒體或預算的考慮嗎？

（八）廣告還有其他方面的幫助嗎？

智威湯遜的創意策略表

廣告必須面對
的機會或問題
是什麼？

廣告後，我們
要讓人們想做
什麼？

廣告還有其他方
面的幫助嗎？

1

2

我們要跟誰說
話？

8

3

7

4

有媒體或預算
的考慮嗎？

從廣告中我們
想到什麼反
應？

6

5

廣告應表達品
牌個性中的哪
些方面？

什麼樣的資訊
及特性有助於
產 生 這 種 反
應？

13-4 選擇優良廣告公司代理商的六項要件

廣告主（廠商）如何選擇優良廣告代理商，應要考慮下列六項要件：
1. 肯花時間與客戶詳細討論。
2. 安排合理人力服務單一客戶。
3. 妥善擬訂企業未來行銷策略。
4. 僱用資深行銷人員服務客戶。
5. 多年行銷經驗與成功案例。
6. 創造客戶獲利為主要目標，業界口碑佳。

選擇優良廣告代理商的六項要件

1 肯花時間與客戶詳細討論。

2 安排合理人力服務單一客戶。

3 妥善擬訂企業未來行銷策略。

4 僱用資深行銷人員服務客戶。

5 具有多年行銷經驗與成功案例。業界口碑佳！

6 為客戶創造營收及獲利的雙成長。

13-5 奧美廣告公司與廣告客戶合作的 11 個階段流程

國內知名的奧美廣告公司，在配合廣告客戶的需求合作上，要歷經 11 個詳細的步驟流程，如下表所示：

階段	作業內容	廣告公司參與人員
1.客戶進行簡報及說明	客戶說明產品特性、通路狀況、銷售對象、行銷目標、競爭狀況等詳細資料，以助廣告公司迅速進入狀況。	客服／創意／行銷研究人員
2.廣告公司內部初次開會討論	(1) 相關人員檢討資料之完整性，並尋求問題關鍵，決定是否進行有關調查或蒐集資料。 (2) 排定日後工作進度及工作項目。	客服／創意／行銷研究人員
3.廣告公司內部策略發展過程	(1) 市場分析／看法。 (2) 目標對象之擬訂／競爭範疇界定。 (3) 商品概念／定位研討。 (4) 其他相關行銷做法。 (5) 廣告策略形成。	客服／創意／行銷研究媒體／活動行銷／公關人員
4.策略決定	廣告公司與客戶討論並決定策略。	客服／創意人員
5.執行發想	廣告公司根據雙方所決定之策略，發展電視、網路、其他製作物媒體計畫、活動、公關等。	創意／活動行銷／公關媒體人員
6.正式提案	提案內容視客戶需求採年度計畫或是單一活動方式。提案後若有修正將再次提出，直到通過為止。	客服／創意／媒體／活動行銷／公關人員
7.市場調查	(1) 概念測試。 (2) 腳本測試。 (3) 效果預測。 市場調查將視客戶需求進行；調查內容及方法視目標而定，實施期間亦因目標而不同。	客服／行銷研究人員

階段	作業內容	廣告公司參與人員
8. 修正執行	根據調查結果，考慮修正執行方向。	客服／創意人員
9. 製作執行	實際執行製作。	客服／創意／製作人員
10. 品管控制	(1) 平面作品完成後，由相關人員簽署，並由客戶簽認。 (2) 廣告影片由相關人士監督，至完工交片執行中，若有任何問題，隨時與客戶溝通。	客服／創意／製作人員
11. 廣告執行效果評估	(1) 目標達成狀況檢討。 (2) 修正下一波策略。	客服／行銷研究人員

13-6 廣告作業如何運作（電通廣告流程案例）

一、電通廣告流程說明

知名的臺灣電通廣告公司，其廣告流程如下圖所示：

1、2、3 即廣告主（客戶）公司行銷人員向廣告公司的 AE 業務人員及行銷人員共同做出簡報說明，說明：(1) 該公司的發展背景、(2) 產品現況、(3) 市場競爭、(4) 此次廣告的目的及任務、(5) 預算多少等工作需求。

4. 廣告公司 AE 人員回去之後，即會同行銷人員、創意人員、媒體人員及製片人員等，共同召開一個重要的策略會議，由 AE 人員說明此次廣告主的：(1) 行銷目標、(2) 廣告目標、(3) 產品狀況及 (4) 市場各品牌狀況。

5. 然後，由創意人員展開創意構想、創意腳本、創意訴求、創意主角等計畫提案。

6. 此時，媒體人員也要列出廣告客戶預算支出分析、媒體策略及媒體刊播時程表等。

7. 最後，由 AE 人員、創意人員、媒體人員共同赴廣告主客戶公司做創意及媒體簡報，若有需要修改處，則會再做第二次提案報告，直到客戶滿意為止。

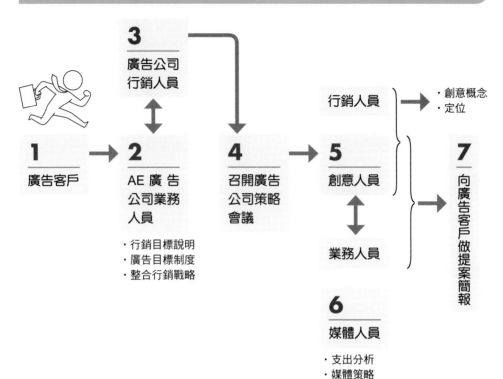

3
廣告公司
行銷人員

1
廣告客戶

2
AE 廣 告
公司業務
人員

・行銷目標說明
・廣告目標制度
・整合行銷戰略

4
召開廣告
公司策略
會議

5
創意人員

行銷人員

業務人員

・創意概念
・定位

7
向廣告客戶做提案簡報

6
媒體人員

・支出分析
・媒體策略
・時程表

1 客戶的公司發展背景說明

2 客戶的產品現況

3 產品的市場競爭狀況

4 此次廣告的目的及任務說明

5 廣告預算多少之說明

Chapter **13** 廣告公司經營成功法則與運作流程

廣告公司必須提出廣告創意的九個內涵項目

1 代言人建議（哪一位藝人？或用素人？）

6 音樂背景說明

2 廣告片秒數建議（20 秒／30 秒）

7 佈景／取景說明

3 整體創意構想說明

8 此次廣告篇名

4 30 秒廣告腳本說明

9 洞悉消費者及目標 TA

5 創意的主力訴求點說明

廣告公司提出的媒體計畫七項概要

1 此波媒體廣告總預算

2 媒體組合選擇及比重分析

3 媒體呈現策略

4 預計上播日期及期間

5 媒體廣告核心主力訴求及傳播主軸

6 其他行銷活動配合事項說明

7 預計此波媒體廣告刊播效益分析

二、廣告策略聚焦三要點

　　電通廣告認為好的廣告策略，應該聚焦做好三要點：

1. 要有好的創意。

2. 要有好的腳本。

3. 要用心洞悉消費者。

① 要有好的創意

 ② 要有好的腳本

 ③ 要用心洞悉消費者

三、媒體策略聚焦五要點

　　電通廣告認為成功的媒體策略，應聚焦做好下列五要點，即：

(一) Right People：要找到對的對象（目標族群）。

(二) Right Time：要找到對的時間刊播廣告。

　　　　　例如，有些飲料、冷氣機、冰淇淋等，必須在每年 5~8 月強力播出電視廣告。有些則是冬天產品，要在 11 月至翌年 2 月播出廣告。

(三) Right Place：要找到對的地點或媒介播出廣告片。

　　　　　例如，中老年人的產品就適合在電視新聞臺播出廣告片。有些年輕人產品則適合在網路、手機、社群媒體播出廣告。

(四) Right Occasion：要找到對的場合播出廣告。

(五) Right Budget：要有適當、對的預算來支撐。

　　　　　太少預算，則廣告曝光率不足，會使成效不佳。

媒體策略聚焦五要點

1 | Right People

要找到對的對象（目標族群）

2 | Right Time

要找到對的時間刊播

3 | Right Place

要找到對的地點或媒介播出廣告片

4 | Right Occasion

要找到對的場合播出廣告

5 | Right Budget

要有適當的預算來支撐才行

一、影視廣告製作流程（之一）

一般來説，影片製作公司有三項動作要做：

(一) 拍攝前：

1. 估價：即此支影片拍攝大概要花費多少錢。

2. 客戶確認：估價單拿給客戶（廣告主）看過，並確認 OK。

3. 拍攝前準備：在此期間，製作公司將就製作腳本、導演闡述、燈光、音樂、場景勘察、布景方式、演員試鏡、演員造型、道具、服裝等，有關細節都要進行全面準備工作。

4. 第一次製作準備會：PPM 是指 Pre-product Meeting，即指在開拍之前的第一次製作準備會議。將由製作公司就廣告影片拍攝中的各個細節，向客戶及廣告公司報告説明，並可做互動討論，形成共識。

5. 第二次製作準備會：此次會議是針對第一次會議的互動討論，做進一步的修正報告説明。

6. 最終製作準備會：此會議為三方最後一次的討論會，並正式定案所有拍攝細節。

7. 拍片前最後檢查：在正式進入拍攝之前，製作公司要做最後的細節檢查，並對廣告客戶及廣告公司發出「拍攝通告」，告知他們拍攝地點、時間、人員、聯絡方式等；廣告客戶的行銷人員及廣告公司的 AE 人員、創意人員，也可到拍攝現場觀看及了解現況。

(二) 正式拍攝

正式拍攝時，所有的製作公司工作人員，包括導演、製作人、攝影師、燈光師、演員、化妝人員、布景人員等都要到現場，展開實際拍攝進度。正式拍攝時，導演是最大的決策者，影片拍攝好壞，導演要負最大責任。

(三) 後期製作（又稱後製）

影片拍攝完成之後，即要回到公司，展開剪輯後製工作，此時期的細節工作，包括下列七項：

1. 沖洗作業。

2. 轉磁：才能進入電腦剪輯。

3. 初剪：剪輯師展開電腦上的初期剪接，形成一支 30 秒的影片帶，但此時是還沒有旁白及音樂的版本。

4. 看 A 拷貝：此時會拿給廣告客戶及廣告公司，先看看這支 30 秒廣告片的大致呈現是否滿意，以及提出修改意見。

5. 正式剪輯：此時剪輯師就要進入「精剪」的階段，並將客戶意見納入修改中。

6. 作曲或選曲：此時，廣告片中要開始放入作曲或選曲的音樂效果。作曲即是要獨創出來，選曲即選別人的曲子。

7. 配音合成：此階段必須把演員們的旁白及對白放進去，此時就真正完成一支 30 秒廣告片的製作了。

8. 拿給客戶觀看：此階段就是廣告公司必須拿著此支廣告片，到客戶公司

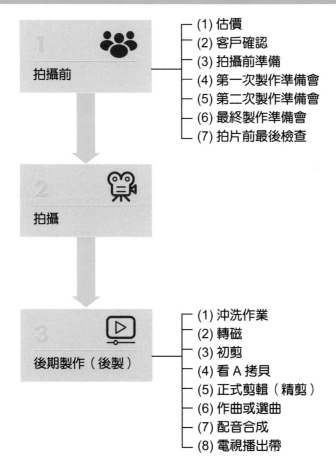

影視廣告製作的一般三大流程圖示

1 拍攝前
- (1) 估價
- (2) 客戶確認
- (3) 拍攝前準備
- (4) 第一次製作準備會
- (5) 第二次製作準備會
- (6) 最終製作準備會
- (7) 拍片前最後檢查

2 拍攝

3 後期製作（後製）
- (1) 沖洗作業
- (2) 轉磁
- (3) 初剪
- (4) 看 A 拷貝
- (5) 正式剪輯（精剪）
- (6) 作曲或選曲
- (7) 配音合成
- (8) 電視播出帶

裡去播放出來，給廣告主客戶公司裡相關主管人員觀看完成。若還有一些小問題，就必須把此廣告片再拿回去做修改。

(四) 電視播出帶

最終就是廣告公司準備好電視播出帶，傳送到電視臺的業務部及工程部準備播出了。

二、電視廣告製作的流程簡述（之二）

一支電視廣告片的製作流程，可以區分為三個階段，如下圖所示：

(一) 製作前階段流程 (Pre-production Stage)

(二) 進入製拍階段 (Production Stage)

此時，現場拍攝的燈光師、攝影師、演員及導演都要準備好，力求精準拍攝，勿拖延時間太久，以節省成本。

(三) 後期製作階段 (Post-production Stage)

(四) 後製的相關說明

1. 後期製作：後期製作程序一般為影像剪輯、調光調色、音效處理、作曲（或選曲）、配音、音樂製作、Motion Graphic。

2. 剪輯：現在的剪輯工作一般都是在電腦中完成的，因此拍攝素材在經過轉磁以後，要先輸入到電腦中，導演和剪輯師才能開始剪輯。剪輯階段，導演會將拍攝素材按照腳本的順序拼接起來，剪輯成一個沒有視覺特效、沒有配音和音樂的版本。然後將特效部分的工作合成到廣告片中。廣告片畫面部分的工作到此完成。

3. 後製：用工作站製作一些二維、三維特效效果，可達到出神入化的地步，對加強廣告中的整體效果產生非常關鍵的作用。

4. 作曲或選曲：廣告片的音樂可以作曲或選曲。這兩者的分別是：如果是作曲，廣告片將擁有獨一無二的音樂，而且音樂能和畫面有完美的結合，但會比較貴；如果選曲，在成本方面會比較經濟，但別的廣告片也可能會用到這個音樂。

(五) 影片進行拍攝相關說明

在腳本企劃確認後，就會開始進行影片拍攝。依據影片規模，在拍攝前期也會有相應的準備時間。且會在拍攝前製期時確認相關細節，例如：確認演員、場地、拍攝時間、通告等。同時也會規劃導演、攝影師、製片、攝影助理、燈光、梳化、收音師等，一切都是依據影片類型與規模去安排。

(六) 廣告片修改與交件相關說明

1. 在最後一個步驟時，通常會先提供 A Copy（粗剪），確認影片製作無誤後，再提供 B Copy（完成品）。

2. 而調色、進錄音室配音等，會在確認 A Copy 後，再做最後的執行與調整。

三、拍廣告製作流程概述（之三）

另外，還有第三種對拍攝廣告片的完整製作流程，其詳細細節如下圖所示：

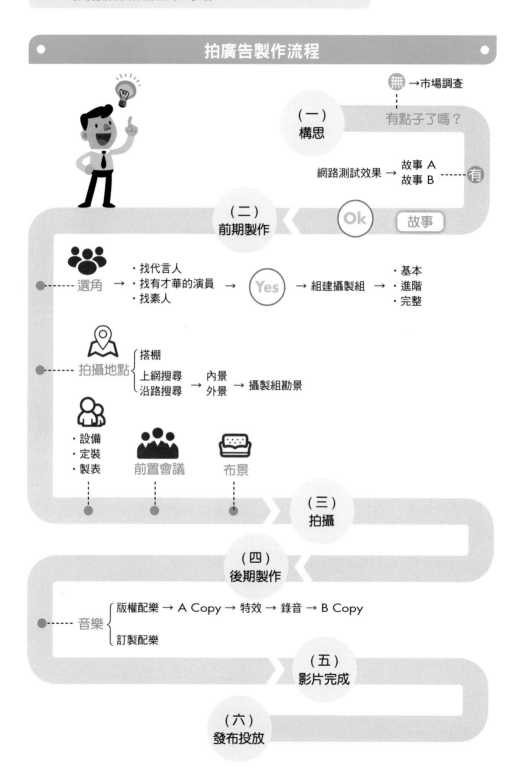

拍廣告製作流程

無 →市場調查

（一）
構思

有點子了嗎？

網路測試效果 → 故事 A
故事 B

有

Ok　故事

（二）
前期製作

選角 →
・找代言人
・找有才華的演員
・找素人
→ Yes → 組建攝製組 →
・基本
・進階
・完整

拍攝地點
搭棚
上網搜尋　內景
沿路搜尋　外景 → 攝製組勘景

・設備
・定裝
・製表

前置會議

布景

（三）
拍攝

（四）
後期製作

音樂
版權配樂 → A Copy → 特效 → 錄音 → B Copy
訂製配樂

（五）
影片完成

（六）
發布投放

製作流程大致分為五個區塊：

(一) 構思

　　1.→有點子了嗎？無→市場調查

　　2. 有→故事……Ok

　　3. 有→故事 A & 故事 B →網路測試效果……Ok

(二) 前期製作

　　1. 選角→找代言人

　　2. 找有才華的演員……Yes →組建攝製組：基本、進階、完整原始

　　3. 找素人

　　4. 拍攝地點→搭棚

　　5. 上網搜尋／沿路蒐集→外景、內景→攝製組勘景

(三) 設備、定裝、製表→前製會議→布景

(四) 拍攝→後期製作→音樂，訂製配樂

　　‧ 版權配樂→ A Copy →特效→錄音→ B Copy

(五) 影片完成→發布投放

一、行銷環境檢討

廠商面對外部行銷環境的影響很大，因此，必須定期提出分析與檢討報告，包括：

1. 市場分析
2. 競爭者分析
3. 消費者分析
4. 企業自成條件分析
5. 社會文化分析
6. 商品分析
7. 價格分析
8. 通路分析
9. 推廣分析
10. 店頭（賣場）分析
11. 廣告量分析

二、廣告客戶需求與目標

三、問題點與機會點

四、市場行銷策略建議案

五、廣告建議案

六、促銷搭配建議案

七、活動行銷建議案

八、媒體建議案

廣告企劃案架構圖示

① 行銷環境檢討

- 市場分析
- 競爭者分析
- 消費者分析
- 企業自我分析
- 社會文化分析
- 商品分析
- 價格分析
- 通路分析
- 推廣分析
- 店頭分析
- 廣告量分析

② 廣告客戶需求與目標 ⟷ ③ 問題點與機會點

④ 市場行銷策略建議案

⑤ 廣告建議案

- 廣告活動目的
- 廣告策略研訂
- 創意研訂
- 創意表現
- 執行時間表

⑥ SP促銷建議案

⑦ 事件行銷建議案

⑧ 媒體建議案

擬訂有效的廣告策略思考點，包括如下十項要點：

一、廣告的目的為何？

廣告表現的目的是提升企業形象或是強調促銷？提高產品知名度或是增加消費者對產品的指名度？廣告的訴求目的儘可能單一，對目的描述更需要簡潔明確。

二、產品定位為何？

與其他競爭品牌比較，產品在消費者心目中的位置為何？當市場環境產生變化時，就可提出未來產品重新定位的想法，更有助於廣告的系列表現參考。

三、目標消費群在何處？廣告是對誰說話？

以各種不同的角度，包括心理、人口地理變數及生活型態來描述主要的目標消費群，最重要的是，詳細說明這些訴求對象和其他對象的差別為何？

四、分析競爭品牌的廣告策略、訴求重點、廣告影片和平面表現，以及媒體使用情形等，並分別提出問題點及機會點。

五、產品對消費者的利益為何？

必須以消費者的觀點來看產品利益，而不只是以產品的物理特性來陳述。

六、消費者利益的支持點為何？說明本產品的獨特面或新元素。

支持點是否能取信消費者？最好能有證明可佐證。

七、廣告表現的調性為何？

是歡笑的？是嚴肅的？是專業的？是和藹親切的？是值得信賴的？要考慮如何使用何種表現方式凸顯和其他品牌的差異性？

八、了解廣告活動預算限制及媒體組合

廣告策略必須具備詳細的陳述，讓廣告人員有所遵循，而不會有偏離主題的情況。

九、應思考廣告如何呈現，才能打動人心、深入人心及信賴於人心。

十、應思考：是否需要用藝人代言人？要用哪一位代言人效果可能會最好？以及考慮代言人與本產品的契合性。

擬訂廣告策略十項思考點

思考 1	廣告目的／任務何在
思考 2	產品定位為何
思考 3	目標消費群 (TA) 何在
思考 4	競爭品牌的相關狀況
思考 5	消費者利益點何在，及主力訴求點為何
思考 6	本產品的獨特點何在，差異化何在
思考 7	廣告表現的調性為何
思考 8	廣告總預算有多少
思考 9	廣告如何呈現，才能打動人心、深入人心、信賴於人心
思考 10	是否需要用藝人代言人？要用哪位代言人效果可能會最好？代言人與本產品的契合性？

如果從管理角度看，一個完整的廣告管理與檢討的架構，應如下圖所示：

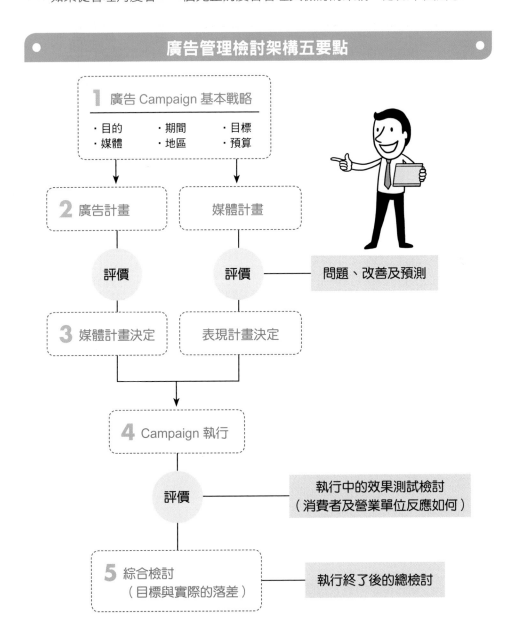

廣告管理檢討架構五要點

1 廣告 Campaign 基本戰略
・目的　　・期間　　・目標
・媒體　　・地區　　・預算

2 廣告計畫　　媒體計畫

評價　　評價　── 問題、改善及預測

3 媒體計畫決定　　表現計畫決定

4 Campaign 執行

評價 ── 執行中的效果測試檢討（消費者及營業單位反應如何）

5 綜合檢討（目標與實際的落差）　── 執行終了後的總檢討

一、制定廣告活動基本戰略

　　1. 目的　　2. 目標　　3. 地區　　4. 期間　　5. 媒體　　6. 預算

二、制訂及評價廣告表現計畫

三、媒體投放計畫

四、展開廣告 Campaign（活動）投放的執行面

五、進行廣告投放後的總檢討，包括成本與效益分析

電視廣告製作：常見專業術語

1	分鏡腳本 Shooting Board	2	試鏡 Casting	3	模型製作 Mock-up
4	剪輯 Editing	5	內景 Tudio	6	外景 Location
7	配音 Post-Dub	8	配音員 Voice Over Talent	9	字幕 Super/Subtitle
10	音效 Sound Effect	11	毛片 Rough Cut	12	完成帶 B Copy
13	母帶 Master Tape	14	音樂母帶 AT	15	播出帶 Betacam
16	道具 Props				

電視廣告片 (TVC) 製作價碼

等級	製作費用
較低等級（電視臺自己製作）	100 萬元以內
一般等級	200~300 萬（平均 250 萬元）
高水平	300~500 萬
極高水平（到國外拍攝）	600 萬元以上

13-11 廣告監播公司

一、潤利艾克曼國際事業有限公司簡介

1. 公司成立逾 40 年，臺灣地區獨資本土企業。
2. FIBEP（世界媒體監測協會）唯一臺灣地區代表。
3. AI 程式自主研發，200 位資深團隊作業。
4. 全方位、全媒體即時服務，創新傳統監測。
5. 開發臺灣地區廣告、新聞、社群大數據庫。

二、特色

1. 40 年純本土企業（豐富歷史資料庫）。
2. FIBEP 組織成員（臺灣唯一會員）。
3. 多媒體涵蓋（電視、紙媒、網路、社群）。
4. 全天候監測（即時性高、品質穩定）。
5. 豐富經驗（效率管理、彈性服務）。

13-12 違規廣告件數

一、食品類罰最多

臺北市政府衛生局 2018 年食品、藥物及化妝品違規廣告處分統計

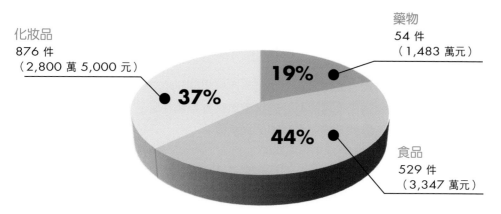

化妝品
876 件
（2,800 萬 5,000 元）

藥物
54 件
（1,483 萬元）

19%

37%

44%

食品
529 件
（3,347 萬元）

資料來源：臺北市政府衛生局，《食力》整理。

二、保健食品廣告超誇張，減肥瘦身件數最多

臺北市政府衛生局 2018 年食品違規廣告類別統計

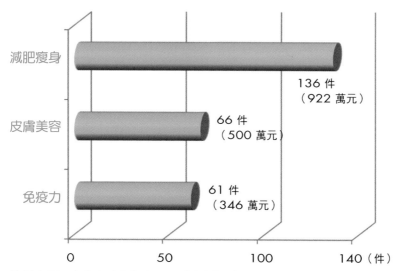

減肥瘦身
136 件
（922 萬元）

皮膚美容
66 件
（500 萬元）

免疫力
61 件
（346 萬元）

0　　　　50　　　　100　　　140（件）

資料來源：臺北市政府衛生局，《食力》整理。

一、請列出李奧貝納廣告公司經營成功的八大法則。

二、請說明李奧貝納「One Team」（一個團隊）的意義為何？

三、請說明李奧貝納廣告公司認為怎樣才是成功的廣告公司？

四、請列示五贏哲學是指哪五個都贏？

五、請列示廣告公司 AE 人員回到公司，要向創意人員及策略企劃人員報告哪四件事？

六、請列示電通廣告公司認為廣告策略應聚焦哪三項？

七、請列出電通廣告公司認為好的媒體策略應聚焦在哪五個要點？

八、整體來說，影片製拍流程有哪三大步驟？

九、請列示 PPM 之中英文意義為何？

十、請列示擬訂廣告策略的八要點有哪些？

十一、請列示何謂 Shooting Board？

十二、請列示何謂 B Copy 帶？

十三、請列示一支 TVCF 的製作費用平均要價多少？

十四、請列示國內唯一一家廣告監播公司為何？

Chapter **14**

廣告創意

14-1 什麼才是好的廣告創意

廣告創意 (Creative) 當然是製作廣告的核心，大家都要重視。但什麼才是好的廣告創意呢？我認為要具有下列七要項：

1. 能打動人心、深入人心。
2. 能夠改變消費者原先態度，而轉向這個廣告品牌。
3. 能讓人產生記憶性，牢記這個廣告品牌。
4. 有促購性的、能刺激引發消費者潛在購買慾。
5. 能證明為公司帶來業績明顯成長。
6. 能打造出高知名度及指名度。
7. 能夠使消費者回購率高的。

好的廣告創意應具備七要項

1
它是能打動人心、深入人心的

2
它是能夠改變消費者原先態度，而轉向支持這個廣告品牌

3
它是能讓人產生記憶性，牢記住這個廣告品牌

4
它是能夠有促購性的，可以激發潛在購買慾

5
它是能夠證明為公司帶來業績明顯成長的

6
它是能打造出高知名度及指名度

7
它是能夠使消費者回購率高的

14-2 奧美廣告的創意鐵三角及 創意流程圖

一、創意鐵三角

奧美廣告總創意長龔大中先生曾提出，奧美廣告的創意鐵三角是由三個部門分工合作組成的，即是：

1. 業務部 (AE)：了解客戶的習慣及偏好。
2. 策略部 (Planner)：做好市場洞察。
3. 創意部 (Creative)：為創意的好壞把關。

如下圖所示：

策略人員　　　　　　業務人員

創意人員

龔大中總創意長表示：

1. 「鐵三角的起點是：要了解客戶。了解客戶現階段面臨的關鍵問題。有時候，做些消費者的焦點座談會 (FGI)、或蒐集一些二手報導、社群意見、聆聽消費者想法，然後做出市場報告。」

2. 「這份報告會交由策略部門分析，產出一個中心概念，告訴創意部門，廣告內容要傳遞些什麼樣的概念，也就是客戶希望我們廣告製作要說些什麼 (What to Say)。」

鐵三角分工合作，產生好的創意出來

策略人員　＋　業務人員

- 共同提出市場報告書
- 共同產出一個創意的中心概念

- 最後，交由創意人員依此中心概念，想出創意、做法及腳本。

3. 龔大中總創意長還表示，什麼才是好創意的三個指標：
   (1) 這個創意新不新？（做別人沒做過的東西。）
   (2) 有無文化影響力？（創意能呼應到社會人心，牽動消費者內心的真實想法。）
   (3) 具正向力量。

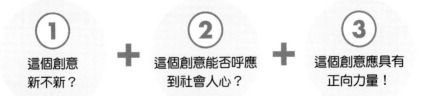

龔大中總創意長認為好創意的三個指標

① 這個創意新不新？　＋　② 這個創意能否呼應到社會人心？　＋　③ 這個創意應具有正向力量！

二、奧美廣告的創意流程圖

1. 奧美廣告的創意流程圖如下，有五階段：

奧美廣告創意流程五階段

Step 1	業務創意	蒐集消費者意見。 了解客戶真正需求。
Step 2	策略	What to say。 產生創意的中心概念。
Step 3	創意	How to say。 產生廣告創意。
Step 4	業務、創意、策略	確認廣告創意是否能呼應中心概念。 （What 及 How 之間關係是否緊密。）
Step 5	正式對客戶提案簡報	

2. 龔大中總創意長另外表示，奧美的每支廣告片，都希望做到三個要求標準，即：
   (1) 保有創意。
   (2) 精準客戶行銷需求。
   (3) 打中消費者的心。

奧美廣告對每支廣告片的三個要求標準

1
保有創意

2
精準客戶行銷需求

3
能打中消費者的心

14-3 好的創意點子如何發想

在實務操作上，到底好的創意點子是如何發想的？經作者我本人詢問很多實務界人士，綜合歸納出如下 13 個要點：

1. 要廣泛閱讀、看更多東西、開拓視野。
2. 腦海中、心中若有點子出現，馬上就要記錄起來。
3. 找人腦力激盪，集思廣益。
4. 做消費者焦點座談會，從顧客身上找出創新點子或務實點子。
5. 多出國去旅行及考察，看看別的國家的廣告片點子，可以借鑑、學習。
6. 應從解決消費者的生活痛點或迫切需求點去思考解決方法。
7. 每天用心觀察在生活中、工作中、休閒中、運動中、娛樂中的各種人事物的呈現與意涵。
8. 應走出舒適圈，跳出習慣性的思考方式。
9. 離開你的辦公室及網路，跳脫每天固定狹窄圈圈。
10. 多觀看國內外每天晚上電視上播出的幾百支廣告片，從中可以得到一些啟示。
11. 多去旅行，體驗不同地方的生活、思想、文化與價值觀。
12. 靈感可能藏在任何人一句話的細節裡。
13. 對於藥品及保健品而言，最常用的創意呈現，就是找醫生或使用者本人做見證，用證言、語言式廣告表達。

好的創意點子如何發想

1 要廣泛閱讀、看更多東西、開拓視野

2 腦海中若有點子出現，就要馬上記錄起來

3 找人腦力激盪，集思廣益

4 做消費者焦點座談會，從顧客身上找出好點子

5 多出國旅行及考察借鑑學習

6 應從解決消費者的生活痛點或迫切需求去想點子

7 每天在生活中觀察各種人事物的變化

8 走出舒適圈，跳出習慣性思考方式

9 離開辦公室及網路

10 多觀看國內外每天晚上電視上播出的上百支 TVCF，可得到一些啟示

11 多去旅行體驗不同地方的文化、思想及價值觀

12 靈感可能藏在任何人一句話的細節裡

13 找醫生或使用者本人做見證，用見證式表述

14-4 廣告創意表現的 13 個類型

我觀察每天晚上電視上的上百、上千支電視廣告片 (TVCF)，總結歸納來說，其最終廣告創意表現的類型，可以歸納出如下 13 種：

1. 產品功能介紹型廣告。
2. 比較型廣告。
3. 故事／戲劇型廣告。
4. 藝人代言型廣告。
5. 醫生證言型廣告。
6. 唯美型廣告。
7. 幽默型廣告。
8. 情感型廣告。
9. 懸疑型廣告。
10. 寫實型廣告。
11. 企業形象型廣告。
12. 政府政策宣傳型廣告。
13. 促銷型廣告。

廣告創意表現的 13 個類型

1 產品功能介紹型廣告	8 情感型廣告
2 與競爭品牌比較型廣告	9 懸疑型廣告
3 故事／戲劇型廣告	10 寫實型廣告
4 藝人代言型廣告	11 企業形象型廣告
5 醫生證言型廣告	12 政府政策宣傳型廣告
6 唯美型廣告	13 促銷型廣告
7 幽默型廣告	

14-5 廣告創意產生所涉及的 4 個部門及人員

根據廣告公司實務界人士所提供的資料，顯示一支廣告創意產生所涉及的部門及人員，如下圖所示：

廣告創意產生所涉及的 4 個部門及人員

| 1 客戶 | 2 業務 (AE) | 3 策略 (Strategy) | 4 創意 (Creative) |

簡述如下

1. 客戶

即廣告客戶 (廣告主) 必須先向廣告公司的業務人員 (AE) 做 Brief (簡報、簡介、概述)，說明廣告客戶要做電視廣告片的行銷目的、目標、任務，以及廣告客戶的產品狀況、市場狀況、競爭品牌狀況、廣告訴求重點、過去做過哪些廣告以及預算等訊息，讓廣告公司業務人員了解及掌握客戶的真正需求等。

2. 業務

即廣告公司業務人員回來廣告公司之後，即將此資訊傳達給策略部門人員、創意部門人員與主管們，以讓這兩個部門人員可以繼續他們應該做的事情及準備。

3. 策略

策略部門人員接到業務部門 AE 人員傳達的資訊之後，即要展開創意之前的策略性分析、觀察及提出建議給創意部門人員參考。

這些策略性分析的面向，包括：(1) 客戶的需求分析，(2) 產品及市場的分析，(3) 目標客群的分析，(4) 競爭對手的分析，(5) 廣告呈現手法的分析，(6) 差異化、獨特性的分析，(7) 廣告創意的初步概念 (Concept)

及方向建議。

4 創意

創意部門接到策略部門所提出各種面向的深入分析及建議之後,創意人員會慎重參考及使用一部分策略部的分析意見;然後,創意人員會再依據自己的看法及思考,提出創意的具體腳本(20 秒/ 30 秒/ 40 秒)及文案。然後再跟廣告客戶約好時間,由 AE 業務人偕同創意人員,到廣告客戶公司做簡報。當然,簡報後,廣告客戶可能會提出一些修正意見及互動討論,以求最後創意的定案。

實務上，在做廣告創意時，應該考量到三要素，如下圖示：

做廣告創意時的考量三要素

① 預算多少

② 時間趕不趕

③ 可發揮空間大不大

茲簡述如下：

1. 預算多少？

　　即廣告客戶能給多少預算去製作此支廣告片？是很多、普通多或很少？預算多的話，就可以做出更好的電視廣告片。

2. 時間趕不趕

　　即廣告客戶對製作此支電視廣告片的時間趕不趕？若不趕的話，就可以好好精心製作此廣告片；若趕的話，就必須快馬加鞭完成，沒辦法慢工出細活。

3. 發揮空間大不大

　　即廣告客戶對製作此支電視廣告片給予創意空間大不大？若大的話，就可以有更多、更好的創意構想產生；若不大的話，可能就要遵循廣告客戶的創意表現方向，規規矩矩去做了。

14-7 思考廣告創意 (Idea) 的流程

　　國內知名的奧美廣告公司副創意總監陳佳漢，曾在世新大學廣告系的一次演講中，提出他個人多年來思考廣告創意 (Idea) 的流程，如下圖所示五步驟：

思考廣告創意的五個步驟流程

Idea 1	先吸取廣告客戶、業務部及策略部等三個來源的資訊內容。
Idea 2	消化這些資訊內容，想出條理（但先不要上網 Google 搜尋，以確保廣告創意有獨特性）。
Idea 3	Google it，再繼續一次，整理出 Idea。
Idea 4	暫時忘記它們，讓潛意識工作。
Idea 5	最後，再整理出好點子，給別人看吧！

14-8 廣告公司創意部門的三個 組織成員

廣告公司的創意部門人員，主要有三種角色成員，如下圖所示：

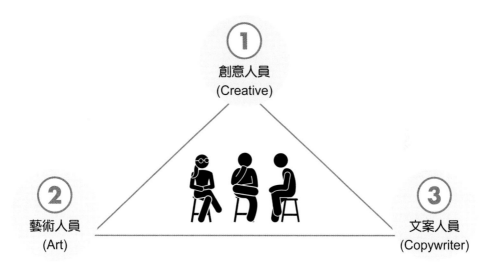

1. **創意人員 (Creative)：**

　　就是發想廣告創意的成員，其階級從低到高，包括：

(1) 創意企劃人員 (Creative Planner)。

(2) 創意部經理 (Creative Manager)。

(3) 創意部副總監。

(4) 創意部總監 (Creative Director)。

2. **文案人員 (Copywriter)：**

　　就是配合廣告創意，能寫出整個廣告文案或腳本的成員。

3. **藝術人員 (Art)：**

　　就是在配合廣告創意之下，如何呈現出廣告畫面的成員，包括：場地畫面呈現、人員畫面呈現及背景畫面呈現等。

14-9 優秀創意人的特質

要成為廣告公司裡成功的廣告創意人，應具備下列 15 項特質：

1. 好奇心／求知慾。
2. 洞察力。
3. 幽默感。
4. 熱情。
5. 不循規蹈矩。
6. 感性兼理性。
7. 能堅持。
8. 有主見。
9. 表達力良好。
10. 具邏輯性。
11. 不要太保守。
12. 具創新性。
13. 能跳脫框框。
14. 人生閱歷豐富。
15. 看過很多東西的人。

 考試及複習題目（簡答題）

一、請列出好的廣告創意應具備哪七要項？
二、請列出奧美廣告創意鐵三角。
三、請列出奧美廣告對每支廣告片的三個要求標準。
四、請列出廣告創意產生的四個單位及人員為何？
五、請列出做廣告創意時的考量三要素為何？

Chapter 15

廣告企劃案大綱實例

個案 1 某大型人壽保險公司年度廣宣企劃案大綱

一、市場概況

(一) 今年度狀況分析

(二) 最近五年的變化

　　1. 壽險公司的歷年知名度比較。

　　2. 認識壽險公司的主要傳播媒介。

　　3. 業務員最受推崇的壽險公司比較。

　　4. 最佳推薦壽險公司比較。

(三) 競爭品牌分析

　　1. 品牌。

　　2. 商品命名。

　　3. 廣告活動。

　　4. PR 活動。

　　5. 教育訓練。

　　6. 徵員訴求。

(四) 問題與機會點

(五) 課題與解決對策

　　1. 課題之一：爭取 20~30 歲年輕階層的好感度，解決對策之一

　　　　(1) 傳播。

　　　　(2) 商品。

　　　　(3) PR。

　　2. 課題之二：提升專業感，解決對策之二

　　　　(1) 徵員。

　　　　(2) 商品。

　　3. 課題之三：PR 資源重整＆有效利用，解決對策之三

　　　　(1) 傳播。

　　　　(2) 分眾。

　　　　(3) 重點化、主題化。

(六) 行銷策略

　　1. 行銷策略之一

策略主軸，因應 40 週年，○○帶壽險產業升級。

2. 行銷策略之二

 (1) 第一階段行銷目標

  A. 年度新契約的成長。

  B. 企業形象年輕化、專業化。

 (2) 第二階段行銷目標

  A. 拓展市場。

  B. 確立全方位理財形象。

 (3) 第三階段行銷目標

  鞏固 All No. 1 之品牌地位。

3. 行銷策略之三

 目標對象：新保單在哪裡？

4. 行銷策略之四

 行動概念：活動、積極、全方位的壽險業領導者。

(七) 傳播策略

1. 傳播目的：企劃形象年輕化、活力化。

2. Main Target：20~30 歲都會地區人口。

 (1) 獨立自主型。

 (2) 傳播依賴型。

 (3) 精挑細選型。

3. 廣告主張：保險不再只是保險。

4. 改變認知。

(八) 創意策略與表現

(九) 媒體策略

1. 電視執行策略。

2. 網路廣告執行策略。

3. 戶外廣告執行策略。

4. 媒體預算分配建議。

(十) 其他建議

1. 置入性行銷節目合作建議案。

2. 戶外媒體（戶外看板）建議。

3. 網路使用策略。

4. 電影院使用策略。

5. 廣播使用策略。

個案 2 某大型電視購物公司形象廣告提案大綱

一、我們的課題

(一) 擴大新用戶。

(二) 增加舊用戶再購率。

二、我們做了一些功課

(一) 消費者／未消費者質化深入訪談。

(二) 研究美國及韓國成功購物頻道特色。

(三) 親身感受（看→買→退）。

三、針對課題一：擴大新客戶

(一) 我們的發現

　　1. 兩重障礙。

　　2. 兩個機會。

(二) 創意表現。

四、針對課題二：增加再購率

(一) 停滯客戶未再向○○購物之原因。

(二) 現有會員的購物行為。

(三) 鼓勵再購策略核心。

(四) 創意表現。

五、媒體計畫與預算

六、其他行銷傳播建議

(一) 公關做法

　　點子 1：善用名人代言及推薦。

　　點子 2：專題報導，創造話題。

　　點子 3：以電視購物為故事的連續劇。

(二) 直效行銷做法

　　點子 1：型錄發行普及化。

　　點子 2：發行人氣商品 TOP 10 快報。

個案 3 某客戶廣告預算支用執行效益分析案大綱

一、○○○廣告片 (CF)

(一) 媒體目標群：30~39 歲女性。

(二) 走期：○○月○○日～○○月○○日。

(三) 購買方式：檔購。

(四) 應有檔次為 891 檔，播出檔次 892 檔，檔次達成率 100%。

(五) 10 秒 GRP（母評點）為 99.22。

(六) 換算 10 秒 CPRP（千人成本）值為 6,000 元。

(七) GRP 之 Prime Time（主時段）比為 70%。

二、○○○廣告片

(一) 媒體目標群：30~39 歲女性。

(二) 走期：○○月○○日～○○月○○日。

(三) 購買方式：檔購。

(四) 應有檔次為 1209 檔，播出檔次 1234 檔，檔次達成率 100%。

(五) 10 秒 GRP 為 170。

(六) 換算 10 秒 CPRP 值為 5,000 元。

(七) GRP 之 Prime Time 比率為 75%。

三、今年度上半年廣告預算執行狀況

(一) 電視預算：東森、三立、中天、TVBS、八大、年代、緯來、民視。

(二) 廣播預算：飛碟、News 89.3、中廣流行網、台北之音。

(三) 報紙預算：中時、聯合、自由。

(四) 雜誌預算：時報周刊、TVBS 週刊、美麗佳人、VOGUE、ELLE、儂儂、Bazaar。

(五) 網站：Yahoo! 奇摩、臉書廣告、Google 聯播網、YouTube、IG。

(六) 簡訊：中華電信、台灣大哥大。

個案 4 新上市化妝保養品牌廣告提案大綱

一、○○○源自法國，因為○○，臺灣消費者得以享受到平價的高級保養品。

二、目標對象：

　　‧30~45 歲熟齡女性。

　　‧大專以上家庭主婦及白領上班族。

　　‧家庭月收入 10 萬元以上。

　　‧注重生活品質，關心自我保養。

三、她們為什麼會相信○○○？她們如何面對使用○○○的社會評價？

四、○○○要帶給女人什麼？

五、什麼是下一代保養品的新浪潮？

六、幸福觸感。

七、30 歲女人→青春不再的危機→自發性的內在對話→由內而外的美麗。

八、誰能說服她們？誰是她們追隨的典範？

九、歷經歲月的美女，被寵愛、被呵護、被尊重，幸福的女人。

十、○○○上市的兩大系列：深海活妍及草本效能。

十一、深海活妍系列：代言人張艾嘉，深海活妍的幸福觸感——透明光采。

十二、草本效能系列：代言人鍾楚紅，草本效能的幸福觸感——回復柔潤緊緻。

十三、創意概念、徹底紓壓、喚醒肌膚自我修護能力、回復原有的潤澤緊緻。

個案 5　某型錄購物公司廣告提案大綱

一、引言

因為○○電視購物頻道成功，臺灣在家購物市場逐漸成長，亦帶動○○型錄購物機會被看好。

二、策略思考

(一) ○○電視購物頻道成功關鍵。

(二) ○○購物品牌核心價值：○○嚴選。

(三) ○○嚴選的意義，從消費者角度建立一種品質信賴。

(四) 型錄定位：嚴選、方便、豐富──精品百貨就在你家。

三、界定課題

(一) 引爆臺灣一場主婦在家購物的革命。

(二) ○○購物型錄品牌，不是貴的問題，而是質的問題。

(三) 我們的消費者

　　1. 女性消費者分為四群（○○年 E-ICP 生活型態研究 ）：

　　　(1) 時髦拜金女。

　　　(2) 純樸小婦人。

　　　(3) 精明俏佳人。

　　　(4) 時尚貴婦人。

　　2. 目前的消費者輪廓：

　　　(1)80% 女性。

　　　(2)25~39 歲占 65%。

　　　(3) 高中職及大專以上占 83%。

　　　(4) 家庭主婦及白領占 61%。

　　　(5) 家庭月入 3~9 萬元占 57%。

四、廣告溝通策略

「你也可以做個 Smart with style 的主婦。」

五、代言人建議方向

- 具知名度。
- 具親和力,與消費者沒有距離。
- 主婦身分。
- 本身具有 Smart with style 形象。

六、創意表現

- TVC。
- Print(平面)。
- Outdoor(戶外媒體)。
- Bus(公車廣告)。
- 網路 (FB/IG/YT/Google)。
- MRT(捷運廣告)。

七、TVC(電視廣告)

- 現代巧婦篇。
- 精挑細選篇。

八、媒體計畫與其他行銷建議

1. 25~44 歲女性媒體,接觸行為摘要。
2. 媒體策略。
3. 電視媒體執行建議(無線＋有線電視)。

Chapter 16

廣告企劃案（實際案例）

16-1 ○○房屋廣告提案

16-1 ○○房屋廣告提案

為讓讀者對電視廣告提案過程有一個確切了解，本文以○○房屋仲介廣告為實例說明之。

一、各房仲品牌傳播訴求

品牌	支持點	主張
1. 信義	信任、四大保障	信任帶來新幸福
2. 永慶	20 週年真實案例故事 網路功能與服務（超級宅速配）	因為永慶更加圓滿 家的夢想就在眼前
3. 太平洋	20 年與時俱進的服務	最久最好的朋友
4. 住商	責任感（顧客服務最優先）	有心最要緊（你希望的家安心交給我）
5. 有巢氏	社區深耕熱心	你家的事我們的事
6. 中信	大小關鍵都嚴謹 無微不至的服務	用心

二、競爭者觀察

要如何觀察競爭者呢？有以下觀察要點，包括：

1. 持續溝通一個廣告訴求，在消費者心中累積印象；
2. 二大品牌（信義、永慶），占住品類的訴求（成家的幸福）；
3. 其他品牌（住商、中信、有巢氏）談人員服務尋求差異性；
4. 廣告手法以平實、生活題材為主者具信賴感，而過去一些誇張特效寫實的廣告表現已不復見，多打感性、溫馨牌。

三、廣告目標及策略思考點

○○房屋仲介公司的廣告目標，是要讓該公司成為令人尊敬及感動的領導品牌。而策略思考點方面有以下四點：

1. 專注在買賣房屋的行為；
2. 跟其他競爭品牌有差異的、別家沒有講的；
3. 對買賣雙方都有利的；
4. 一個可以長久經營的廣告主張。

四、廣告主張及其製作

○○房屋仲介公司的廣告主張如下：

1. 沒有賣不掉的房子，因為找了不會賣的人。
2. 強調○○房屋仲介公司是買賣房屋的專家。
3. 主張是因為該公司了解買賣的需求，因此看見房子的真價值。

有了上述明確的廣告主張後，接著要進行的是廣告故事大綱的擬訂、廣告分鏡腳本的撰寫、廣告主角的挑選以及廣告拍攝時程表的規劃等事項。

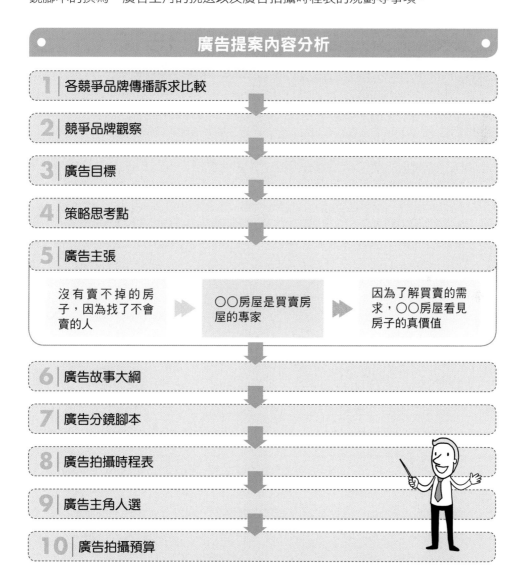

廣告提案內容分析

1 各競爭品牌傳播訴求比較

2 競爭品牌觀察

3 廣告目標

4 策略思考點

5 廣告主張

| 沒有賣不掉的房子，因為找了不會賣的人 | ○○房屋是買賣房屋的專家 | 因為了解買賣的需求，○○房屋看見房子的真價值 |

6 廣告故事大綱

7 廣告分鏡腳本

8 廣告拍攝時程表

9 廣告主角人選

10 廣告拍攝預算

Chapter 17

媒體企劃與購買實務

17-1 媒體企劃與媒體購買的意義及媒體代理商存在的原因

一、「媒體企劃」(Media Planning) 的意義

係指媒體代理商依照廠商的行銷預算，規劃出最適當的媒體組合 (Media Mix)，以有效達成廠商的行銷目標；為廠商創造最大媒體效益；此謂之「媒體企劃」。

1	**2**	**3**	**4**
行銷預算	規劃有效果的媒體組合	展開執行	達成行銷目標

二、「媒體購買」(Media Buying) 的意義

此係據媒體代理商依照廠商所同意的媒體企劃案，以最優惠的價格向各媒體公司（例如：電視臺、報紙、雜誌、廣播、戶外、網路公司等），洽購所欲刊播的日期、時段、節日、版面、次數及規格等。

1	**2**	**3**
廠商行銷預算	交給媒體代理做媒體企劃及媒體購買	向各種媒體公司購買時段及版面以刊播廣告

三、媒體代理商存在的原因

1. 媒體代理商因為具有集中代理較大廣告量的優勢條件，因此可以向各媒體公司取得較優惠的廣告刊播價格。
2. 如果是廠商自己去刊播，必會花費更高的成本；故廠商大都透過媒體代理商代為處理媒體購買及刊播這一類的事。
3. 媒體採購量大→有議價、殺價優勢→取得較低廣告價格。
4. 廠商廣告主→直接向各種媒體公司購買版面、時段→較貴、成本較高。

5. 廠商廣告主→透過媒體代理商購買→各種媒體公司→成本較低！較便宜。

四、主要大型媒體代理商（14 家代表）

媒體公司

1	凱絡 Carat	8	星傳
2	貝立德	9	宏將
3	媒體庫	10	浩騰
4	傳立	11	奇宏
5	實力	12	德立
6	偉視捷	13	彥星
7	優勢麥肯	14	博崍

五、廠商為何需要「媒體代理商」的二大原因

品牌廠商在投放廣告宣傳時，為什麼總要透過媒體代理商，而不能自己去接觸各種媒體公司呢？主要有下列二大原因：

(一) 可以降低採購媒體成本

相較於中小企業，甚至大企業裡的媒體採購部門，大規模廣告公司及媒體購買公司可產生一定的規模經濟降低購買成本，對廣告版面及時段集中資源和規模性購買，例如：獨家代理、優先代理、買斷經營等方式介入媒體平臺，為客戶提供有折扣、較優惠的媒體組合。

(二) 擁有專業的分析工具及分析團隊

媒體代理商公司通常擁有專業的分析團隊，並擁有大量的第一手訊息，包括競爭對手的資料，TA 的消費行為與態度等，可運用大量的媒體資料和信息進行更縝密的分析，為客戶規劃更全面、分工更細緻的媒體採購一條龍，也較能以客觀的角度擬訂媒體策略，以最小資源爭取最大回報。

媒體代理商存在的二大原因

① 可以降低各種
媒體採購成本

+

② 擁有專業的分析
工具及分析人才
團隊

・ 使廣告曝光度達到最大
・ 有助打造出廠商的品牌力及品牌資產

17-2 媒體企劃及購買人員之職掌

一、Buyer (媒體購買人員)

此是媒代重要的核心支柱、賺錢的主要部門！Buyer 顧名思義就是負責「購買媒體的人」，但是媒體要怎麼買，才有最大效益？怎麼知道花多少預算可以得到多少效果？這就需要由 Buyer 來負責計算成效，並且與媒體談判爭取用合理的價格，買到最大的效益。而一個 Buyer Team 會有 2～3 個編組，分別是 TV Buyer 組、平面 Buyer 組，有些大公司還會有數位 Digital Buyer，因為 Digital Media 不會買的話，幾乎就無法寫 Plan，所以數位的 Plan 跟 Buy 幾乎是由 Planner 自己完成，簡稱「P+B」。

(一) TV Buyer

主要負責的就是電視廣告時段購買、節目內容置入專案或檔購的購買，這需要清楚的數學計算頭腦及溝通能力，怎麼說要數學的計算呢？因為每次的電視採購都要先設定好 TA 資料及想投放時段，然後再加上電視臺提供的 CPRP 價格，然後在客戶的預算限制下，試算出 2～3 個方案，提供給客戶。為什麼要這麼多個方案呢？因為客戶會有指定想露出的電視頻道，像有的要新聞頻道多一點、有的要電影頻道多一點、有的要戲劇頻道多一點……。但是每個頻道的 CPRP 售價不同，客戶預算又不變，那就是在固定範圍內試算出多個版本，或是用加入檔購的方式，來看看可以做到多少 Reach，這都是 TV Buyer 的工作。至於溝通能力的需求，是因為採購這個工作就是要去談出 CP 值最高的價錢！所以常常會看到 Buyer 們天天跟電視臺業務們講電話，就是這個原因；另外，還有一個原因是電視廣告的日報表，每天早上都要看前一天的成效是否有做到，每日的曝光數是否有達到，如果沒有，就要當天安排補檔的時段，這也是要跟電視臺業務喬的。而喬這些事情時，TV Buyer 往往充滿火氣的對著電話大吼，因為不搶的話，補檔的時段可能就沒有了，所以上午的工作時段 TV Buyer 一直是很精神緊繃的。

(二) 平面 Buyer

負責的就是雜誌報紙的平面刊物廣告採購，另外還有各種戶外媒體採購，也是平面 Buyer 的工作，像是捷運車廂廣告、月臺燈箱廣告、計程車裡面的小電視、美食街的螢幕廣告、百貨公司的外牆螢幕、高鐵站內的展示空間……，也都算在平面 Buyer 的工作範圍，所以平面 Buyer 除了議價

之外的另一項技能，就是對各種製作物的尺寸、材質、影片規格都有了解，有時候會覺得他們就是一間製作公司了。

二、Media Buyer 工作內容

媒體購買人員 (Media Buyer) 的工作內容，主要有下列四項：

(一) 資訊蒐集

1. 媒體價格。
2. 媒體特性。
3. 建立人脈關係。

(二) 媒體提案

提出媒體創意、媒體組合與運用方式。

(三) 採買執行

1. 媒體版面、時段採買。
2. 將廣告素材提供給媒體。

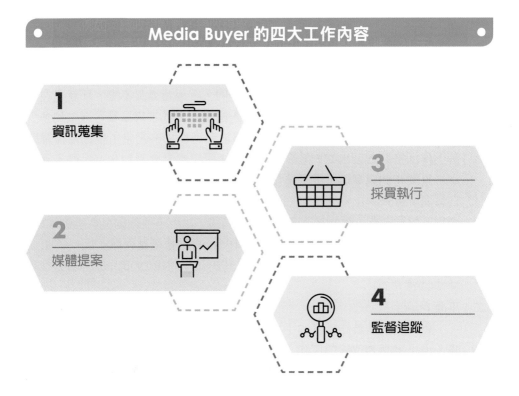

Media Buyer 的四大工作內容

1 資訊蒐集

2 媒體提案

3 採買執行

4 監督追蹤

(四) 監督追蹤

1. 確認刊播狀況。
2. 追蹤廣告成效。

三、Planner（媒體企劃人員）

(一) 會稱呼「Planner」的原因，是因為媒體代理商的提案幾乎都是可執行的規劃與建議，要提出媒體購買的策略、建議可使用的媒體及頻道 Channel 有哪些？預算的分配占比是多少？預估可達成的效益是什麼？一切可量化的成效數據都要在提案裡提出來，所以叫做「Planner」是很適當的稱呼。而一個好的 Planner 的腦中，平時就會記得多種媒體的版位長相、價格、大致的成效數據；例如：信義區有幾面熱門戶外看板、哪個網站的廣告購買方式有幾種、某家電視臺的新聞頻道 CPRP 是多少錢等。

　　另外，身為一個 Planner 也要善用市調系統，外商媒體公司每年都會發重金購買多套市調系統，最主要的有 AC Nielsen 的收視率調查系統、消費者 Life Index 調查系統、ComScore 網路使用調查系統、Social Listen 系統、東方線上消費者調查報告等，這些系統及調查報告，一年大約就要花 200 萬的授權使用費，所以學會使用、看懂、分析這些數據，是一個 Planner 一定要具備的基本能力。

(二) Media Planner 的意義

　　媒體企劃人員 (Media Planner)，即是：「運用策略規劃及媒體分析能力，依照客戶的預算及商品特性，提供最適合的媒體組合方案，讓客戶的廣告訊息能接觸到最多目標族群，以達到最大的廣告效益。

(三) Media Planner 的工作內容

　　媒體企劃人員的工作內容，主要有下列三項：

1. 了解客戶
   (1) 了解媒體需求。
   (2) 了解品牌與產品特色。
   (3) 了解預算分配。
2. 蒐集彙整資訊
   蒐集消費者媒體使用行為、市場、環境趨勢、最新媒體狀況、研究工具分析數據。
3. 媒體組合提案
   清楚知道自己的媒體策略、有限的預算，創造最大的效益。

Media Planner 的三大工作內容

1
了解客戶

+

2
蒐集彙整資訊

+

3
媒體組合提案

媒體代理商最重要的二種核心成員

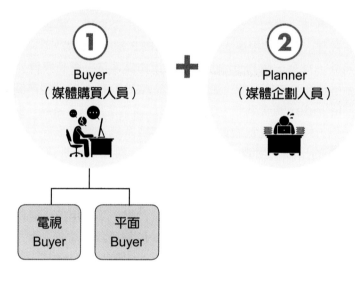

①
Buyer
（媒體購買人員）

+

②
Planner
（媒體企劃人員）

| 電視 Buyer | 平面 Buyer |

媒體代理商內部擁有多種資訊系統

1 | Nielsen 收視率調查系統

2 | 消費者 Life Index 調查系統

3 | ConScore 網路流量調查系統

4 | Social Listen 系統

5 | 東方線上消費者調查系統

17-3 媒體代理商的任務、媒體企劃步驟及內容項目

一、媒體代理商三大任務

1. 媒體企劃 (Media Planning)
2. 媒體購買 (Media Buying)
3. 媒體研究 (Media Research)

媒體代理商的職責：有效果的花錢

| 媒體企劃 |
| 媒體購買 |
| 媒體研究 |

 廣告主（廠商）請媒體代理商幫他做功課，幫他有效的花錢做廣告

 得到想要的成果及投資報酬率 (ROI)

媒體企劃與媒體購買的不同

1 媒體企劃　　幫客戶（廠商）找到消費者　　最高的收視管道

2 媒體購買　　幫客戶找到媒介溝通組合管道　　最低的成本管道

二、媒體企劃內容八要項

1. 蒐集基礎資料（產品及市場）。
2. 訂定媒體目標及目的。
3. 考量目標視聽眾 (TA)。
4. 決定媒體策略及媒體分配。
5. 編制媒體預算分配表。
6. 安排媒體排期（Cue 表）。
7. 確定電視廣告 CPRP 價格。
8. 確定 TVCF 素材秒數。

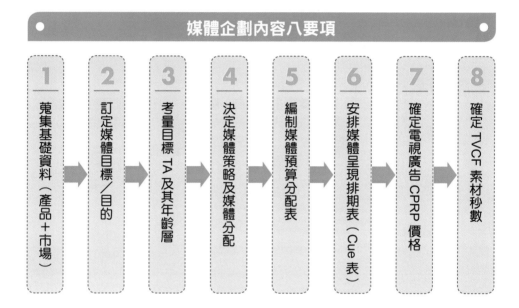

媒體企劃內容八要項

1	2	3	4	5	6	7	8
蒐集基礎資料（產品＋市場）	訂定媒體目標／目的	考量目標 TA 及其年齡層	決定媒體策略及媒體分配	編制媒體預算分配表	安排媒體呈現排期表（Cue 表）	確定電視廣告 CPRP 價格	確定 TVCF 素材秒數

三、實例：某品牌電視廣告企劃購買提案內容撰寫項目

電視廣告購買企劃案撰寫項目

1 | 本案目標

2 | 競爭（競爭對手）播放量分析

3 | 本案預算

4 | 各類型電視頻道收視率表現統計分析

5 | 此次購買頻道類型占比分析

6 | 本案 TA（目標消費族群）

7 | 此次購買頻道及節目分析

8 | 預計達成效益：GRP 目標數 Reach 百分比 Frequency 次數

9 | 各頻道預算配置金額及占比

10 | 播放廣告的期間及日期起訖日

11 | 播放波段的策略

12 | 其他項目

四、媒體策略的八大考量

1. 各媒體選擇 (Choice)
2. 媒體組合 (Mix)
3. 媒體比重 (Ratio)
4. 媒體創意 (Invention)
5. 觸及率及頻次策略
6. 產品生命週期 (PLC)
7. 有效傳達廣告訊息
8. 有效擊中目標對象

媒體策略的八大考量

1 各媒體分析及選擇	**5** 考慮觸及率及頻次策略 (Reach & Frequence)
2 確定此波廣告的媒體組合 (Media Mix)	**6** 思考產品生命週期 (PLC)
3 考量各種媒體的比重 (Media-ratio)	**7** 能夠有效傳達廣告訊息
4 思考媒體呈現創意 (Media-invention)	**8** 能夠有效擊中目標對象 (TA)

五、媒體研究的七大工作

1. 研究媒體概況（傳統媒體及新媒體）。
2. 研究消費者樣貌、輪廓及媒體行為。
3. 研究產業經濟與市場狀況。
4. 研究市場競品媒體策略。
5. 觸及率及頻次策略。
6. 支援媒體企劃部門。
7. 幫助客戶釐清行銷問題與方向。

六、媒體企劃人員的工作與專業

(一) 研究消費者及研究產品：

這個產品的目標消費群是誰？幾歲？幾點在做什麼事？消費能力如何？在哪裡買這個東西？自己買嗎？決定買的因素為何？一次買多少？多少價格才會買？是否經常換品牌？經常接觸什麼媒體？產品的現況為何？

(二) 研究媒體：

各媒體的收視率多少？閱讀率多少？點閱率多少？收視群是誰？男女比例多少？每天收視次數多少？在哪個區域？閱聽人希望獲得什麼事？在哪些時間收看？工作性質為何？哪些天是收看的高峰期？

七、對媒體購買的要求：Cost Down

廠商客戶→永遠追求市場媒體最低價格 Cost Down（降低成本）→才算成功的媒體購買！

Chapter **17** 媒體企劃與購買實務

一、媒體企劃 (Media Planning) 過程四步驟

(一) 基本資料蒐集及分析

媒體企劃人員 (Media Planner) 要蒐集下列基本資料,才能進行媒體企劃案撰寫,包括:

1. 了解競爭對手的媒體策略及媒體投放量多少。
2. 了解廣告產品的市場行銷現況。
3. 了解廣告表現的策略。
4. 了解媒體市場的變化。
5. 了解客戶端的行銷策略與此次廣告目標。
6. 了解客戶端此次的廣告預算。
7. 了解 TA(目標消費族群)的現況及年齡層。
8. 了解此次 TA 與廣告媒體的契合度。

媒體企劃／購買提案撰寫前,
必須先思考及蒐集基本資料的八要項

1 了解競爭對手的媒體策略及媒體投放量	**2** 了解此產品的市場現況	**3** 了解此波廣告表現的策略及訴求重點何在	**4** 了解媒體市場的變化
5 了解產品的 TA(目標消費族群)及年齡	**6** 了解此次 TA 與廣告媒體的契合度	**7** 了解客戶端此次廣告的廣告目標／目的	**8** 了解客戶端此次的廣告預算多少

(二) 策訂媒體目標

第二步驟,即要:

1. 策略此次廣告的媒目的與任務。

2. 設定此次廣告的訴求目標對象。

(三) 訂定詳細的媒體策略與企劃內容

第三步驟,主要要做好媒體企劃細節內容,包括:

1. 各種媒體的選擇、媒體組合 (Media Mix) 與各媒體配置占比。

2. 各種媒體個別的預算多少。

3. 各種媒體播出的節目、版面、時段及排期。

(四) 媒體效益預估

第四步驟,主要是針對各種媒體的效益預估,包括有形效益及無形效益。

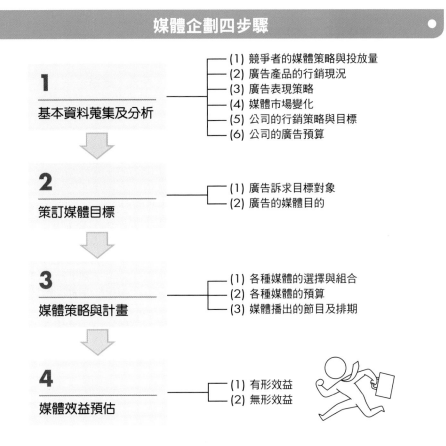

媒體企劃四步驟

1 基本資料蒐集及分析
- (1) 競爭者的媒體策略與投放量
- (2) 廣告產品的行銷現況
- (3) 廣告表現策略
- (4) 媒體市場變化
- (5) 公司的行銷策略與目標
- (6) 公司的廣告預算

2 策訂媒體目標
- (1) 廣告訴求目標對象
- (2) 廣告的媒體目的

3 媒體策略與計畫
- (1) 各種媒體的選擇與組合
- (2) 各種媒體的預算
- (3) 媒體播出的節目及排期

4 媒體效益預估
- (1) 有形效益
- (2) 無形效益

二、媒體企劃流程九步驟

媒體企劃流程也可以圖示如下九個步驟，其內容與前述大致類似，但也可供為參考之用，如下圖。

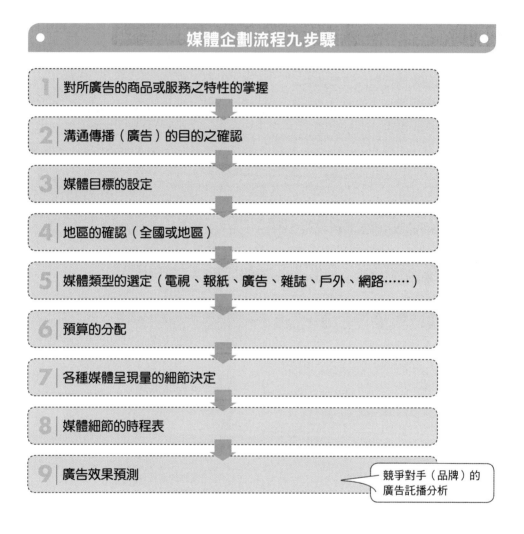

媒體企劃流程九步驟

1 | 對所廣告的商品或服務之特性的掌握

2 | 溝通傳播（廣告）的目的之確認

3 | 媒體目標的設定

4 | 地區的確認（全國或地區）

5 | 媒體類型的選定（電視、報紙、廣告、雜誌、戶外、網路……）

6 | 預算的分配

7 | 各種媒體呈現量的細節決定

8 | 媒體細節的時程表

9 | 廣告效果預測 —— 競爭對手（品牌）的廣告託播分析

17-5 媒體企劃及媒體購買人員應具備的特質

有關媒體企劃 (Media Planner) 及媒體購買人員 (Buyer) 應具備的特質說明如下：

一、耐心與細心

平時要蒐集、整理大量數據資料，並以敏銳的洞察力，將資料分析判斷，變成有用的資料。

二、創新與應變能力

在變動的市場環境中，要能為各式各樣的企業品牌，持續想出創新的媒體創意，媒體運用的與時俱進及創新、應變能力也不可缺少。

三、邏輯思考能力

在每一次的媒體研究中，要清楚了解自己需要什麼、獲得的方法、調查的方向，才能得到正確的分析結果。

四、溝通的技巧

充分掌握客戶沒說出口的要求，讓雙方達成策略上的共識，遇有不同見解時，可以利用客觀數據及資料來說服客戶。

五、學習能力強

能大量吸收各種專業知識、媒體的特性及功能、觀察市場動態，並深入了解擁費者的想法及行為，為客戶規劃出有效、全面的媒體企劃。對市場趨勢敏感，擁有專業的分析及整合力，熟悉統計及企劃的工具，才能在企劃領域中持續深耕，提升自己的專業性。

媒體企劃與媒體購買人員應具備之五大特質

1	2	3	4	5
耐心與細心	創新與應變能力	邏輯思考能力	溝通的技巧	學習能力強

17-6 媒體企劃與購買作業流程說明（貝立德模式）

依據如下圖所示的貝立德媒體代理商，其所做的媒體購買作業流程，如下述：

一、廣告主

廣告主（客戶）必須先告知廣告公司及媒體代理商下列事項：

1. 商品特性。
2. 商品訴求。
3. 銷售對象。
4. 行銷目標。
5. 預算多少。
6. 廣告期間。

二、廣告公司

廣告公司創意人員做好創意提案，並委外由製作公司拍好電視廣告片，拍完之後，就必須將帶子交給媒體代理商準備播出。

三、媒體企劃 (Media Planner)

此時，媒體企劃人員依據廣告主的需求條件，必須做好：

1. 媒體策略的發展。
2. 媒體目標的訂定。
3. 媒體企劃案提出。

四、媒體購買 (Media Buyer)

媒體企劃案得到廣告主同意之後，接著就要進行媒體購買，工作如下：

1. 對媒體環境掌握。
2. 展開媒體價格洽談。
3. 安排 Cue 表排定。（註：Cue 表係指廣告播出時程表。）
4. 盡力達成媒體目標與任務。

媒體購買作業流程（貝立德媒體公司案例）

1 廣告主

(1) 商品特性
(2) 商品訴求
(3) 銷售對象
(4) 行銷目標
(5) 預算
(6) 廣告期間

廣告／媒體代理商

2 AE 人員
行銷企劃人員
創意人員

(1) 廣告及行銷策略
    訂定
(2) 廣告目標設定
(3) 廣告創意發展與
    執行

3 媒體企劃
Media Planner

(1) 媒體策略的發展
(2) 媒體目標的訂定
(3) 媒體企劃案提出

4 媒體購買
Media Buyer

(1) 媒體環境掌握
(2) 媒體價格洽談
(3) Cue 播出表排定
(4) 媒體目標達成

17-7 媒體組合的意義及變化趨勢

一、為何要有「媒體組合」？

1. 單一媒體→觸擊的目標消費群，可能會有一些侷限性。
2. 組合媒體運用→觸及到我的目標 TA，傳播溝通效果可能會較佳！

二、媒體組合 (Media Mix) 配比概念

1. 全方位媒體配比比例
   例如：電視 60%、網路 20%、報紙 5%、雜誌 5%、廣播 5%、戶外 5%。
2. 單一媒體配比比例（例如：只做電視廣告）
   例如：新聞臺 40%、綜合臺 40%、國片臺 10%、洋片臺 10%。
3. 單一媒體配比比例（例如：財經雜誌）
   例如：商業周刊 60%、天下 20%、今周刊 20%。

三、媒體組合配比意義

1. 配比越多的媒體→表示該媒體的重要性及有效性就更高，要花多一些錢在該媒體。
2. 配比越小的媒體→表示該媒體的重要性就更低。

四、近來「媒體組合」的占比改變趨勢如何

1. 電視媒體：占比大致維持不變（一般而言，大致占 50%~60%）。
2. 數位媒體（網路＋手機）：占比顯著性上升（大致占 20%~40% 不等）。
3. 報紙媒體：占比持續顯著下滑、減少（大致占 0%~5%）。
4. 廣播媒體：占比持續顯著下滑、減少（大致占 0%~5%）。
5. 廣播媒體：占比顯著下滑、減少（大致占 0%~5%）。
6. 戶外媒體：占比持平（大致占 5%~10%）。

年輕人產品：數位廣告媒體占比大幅上升

以年輕人為
TA 的產品

→

例如：

- 線上遊戲
- 保養品
- 日常消費品
- 餐飲美食
- 國內外旅遊觀光
- 3C 科技產品

→

運用數位媒體的占比，有大幅上升趨勢（從 10% 提高到 30%、40%、50%）

為何數位廣告媒體占比持續上升？

原因 1

年輕人很少看報紙！
很少看雜誌！
很少聽廣播！

原因 2

電視臺整體收視率也略微下滑（主因為 20～30 歲年輕人減少在客廳看電視了！）

↓

數位媒體越來越重要！

原因 3

使用網路、手機及平板電腦等新媒體的消費人口大幅增加了

從廣告量看：常態媒體組合分配的占比

	媒體別	每年廣告量	占比
1	電視	200 億	40%
2	網路	200 億	40%
3	報紙	25 億	5%
4	雜誌	20 億	4%
5	廣播	15 億	3%
6	戶外	40 億	8%
	合計	500 億	100%

17-8 何謂 CPRP？ CPRP 金額應該多少？

一、CPRP = Cost per Rating Point 的意義

即每一個收視率 1.0 之廣告成本，每 10 秒計算，簡化來說，即每收視點數之成本。

二、CPRP（每 10 秒），即指電視廣告的收費價格

目前，大部分電視臺均採用 CPRP（每 10 秒）保證收視率價格法；也就是說，廠商有一筆預算要撥在電視廣告上，則會保證播出後，會依各節目收視率狀況，保證播到 GRP 總點數達成的原訂目標值。

三、目前各電視臺的 CPRP 價格

大致在每 10 秒 1,000~7,000 元之間，也就是說，每在收視率 1.0 的節目播出一次要收費 3,000~7,000 元不等，若電視廣告片 (TVCF) 是 30 秒的，則要再乘以 3 倍。

四、究竟 CPRP（每 10 秒）多少價格，主要要看兩個條件：

(一) 頻道屬性及收視率高低

例如：新聞臺及綜合臺的 CPRP 收費就會較高，每 10 秒大約在 4,500~7,000 之間。這是因新聞臺及綜合臺的收視率較高，新聞臺價格又比綜合臺更高一些；新聞臺大致在 5,000~7,000 元；綜合臺在 4,000~5,000 元之間。

(二) 淡旺季

例如：電視臺廣告旺季時，電視臺廣告業務部門就會拉高 CPRP 價格，反之，若廣告淡季時，CPRP 價格就會降低，因為旺季時，大家搶著上廣告；淡季時，空檔就很多。電視臺廣告旺季約在每年夏季（6 月、7 月、8 月）及冬季（11 月、12 月、1 月）；而淡季則在每年春季（3 月、4 月）及秋季（9 月、10 月）。

五、廠商（廣告主）通常都希望電視廣告價格可以下降

其意指 CPRP 的報價可以下降，例如旺季時，CPRP（每 10 秒）從 7,000 降到 6,000 元，則廠商的電視廣告支出就可以節省一些。

電視臺各頻道每 10 秒 CPRP 價格區別

1 新聞臺
- 每 10 秒 CPRP 價格最高，約 5,000~7,000 元。
- 因新聞臺收視率最高。

2 綜合臺
- 每 10 秒 CPRP 價格次高，約在 4,000~5,000 元。

3 電影臺、戲劇臺
- 每 10 秒 CPRP 價格第三高，約在 3,000~4,000 元。

4 兒童臺、體育臺、新知臺
- 每 10 秒 CPRP 價格次高，約在 1,000~3,000 元。

CPRP 的意義

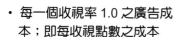

CPRP = Cost per Rating Point

↓

- 每一個收視率 1.0 之廣告成本；即每收視點數之成本

↓

指電視廣告的收費價格

CPRP 的計價區間

CPRP（每 10 秒）
→ 1,000~7,000 元之內

↓

1. 看頻道類別、節目類別之收視率而定。
2. 看廣告淡旺季而定！

六、電視廣告二種計價方法

方法一：主流方式—— CPRP 保證總收視率定價法（占 90%）

1. 不能指定每次廣告都在高收視率節目播出，且播出第幾支也不能指定。

2. 但會保證播出的 GRP 會達到原先的承諾，否則將加補檔次播出。

方法二；檔購法 (Spot Buying)（占 10%）

1. 即可以指定在較高收視率的節目播出，以及在第幾支廣告播出。

2. 但成本會比較高。

17-9 何謂 GRP？GRP 多少才適當？

1. GRP = Gross Rating point

    = 總收視點數

    = 收視率之累計總和

    = 總曝光率

    = 總廣告聲量

2. GRP 即此波電視廣告播出的收視率累計總和或總收視點數之和的意思。

3. 例如：某波電視廣告播出 300 次，每次均在收視率 1.0 的節目播出廣告，故此波電視廣告之 GRP 即為 300 次 ×1.0 收視率＝ 300 個 GRP 點數。

4. 又如：若在收視率 0.5 的節目播出 300 次，則 GRP 僅為 150 個（300 次 ×0.5 ＝ 150 個）。

5. 再如：若想達成 GRP 300 個，均在收視率 0.2 的節目播出廣告，則總計應播出 1,500 次廣告之多，才可以達成 GRP 300 個（GRP = 1,500 個 ×0.2 = 300 個）。

6. 總結：GRP 越高，則代表總收視點數越高，即此波電視廣告被目標消費族群看過的機會及比例也就越大，甚至看過好多次。

7. 一般來説，每一波兩個星期播出電視廣告的 GRP，大概平均 300 個左右就算適當了。此時，這一波的電視廣告預算大約在 500 萬元左右。

8. GRP 300 個，若在 0.3 收視率的節目，可以播出 1,000 次（檔）電視廣告的量，1,000 次廣告播出量應算是不少，曝光度也應該夠了。

9. 每一波電視廣告 GRP 達成數只要適當即可，若太多可能只是浪費廣告預算而已。

Chapter **17**

媒體企劃與購買實務

何謂 GRP

GRP

= Gross Rating Point

= 總收視點數

= 收視率之總和

= 總曝光率 = 總廣告聲量

GRP 多少才適當

每一波二週的
行銷預算 500 萬元

• 可達成 300 個 GRP
• 至少播出 1,000 檔（次）廣告

17-10 GRP、CPRP、行銷預算之意義與關係

一、行銷預算、CPRP、GRP 三者關係

(一) GRP = Gross Rating Point = Reach x Frequency = 觸及率 × 頻次

1. 此即廣告收視率之累計總和，或總收視點數、總曝光率之意。因為每個節目有不同收視率，故為累積總和。
2. 即廣告播出之後我們應該可以達到多少個總收視點數之和。
3. GRP 越高，代表總收視點數越高，被消費者看到或看過的機會也就越大，甚至看過好幾次。

(二) CPRP = Cost per Rating Point

1. 此即每達到一個 1.0 收視率之成本，亦指電視廣告的收費價格。目前每 10 秒之 CPRP 價格均在 1,000~7,000 元之間。
2. 目前大部分業界均採 CPRP 保證收視率價格法，即廠商若有一筆預算要刊播在電視廣告上，則會保證播出後會依收視率狀況，播到 GRP 達成的目標值。

(三) 公式

1. CPRP = 總預算 /GRP
2. GRP = 總預算 /CPRP

　　例如： CPRP = 5,000 元 / 每 10 秒，總預算= 500 萬元。則，
　　　　　 GRP = 500 萬元 /5,000 元＝ 1,000 個 /30 秒廣告＝ 333 個 GRP
　　　　　 故收視點數要達到 1,000 個 GRP，但須除以 30 秒一支廣告片，
　　　　　 故為 300 個 GRP。
　　　　　 如果放在收視率 1.0 的節目播出，則可以播出 300 次，
　　　　　 若分散在 5 個新聞臺，則每臺播出 60 次。

(四) 目前 CPRP 價格在 1,000~7,000 元 /10 秒之間。

　　廣告淡季時空檔多，故會降價到 3,000~3,500 元 /10 秒；廣告旺季時，大家搶著上，故會上升到 7,000 元 /10 秒。

(五) 廣告旺季：每年 5 月、6 月、7 月、8 月、9 月為夏天旺季；每年 11 月、12 月、1 月、2 月為冬天旺季。

　　廣告淡季：過年後的 3 月、4 月及夏天後的 10 月、11 月。

(六) 一般而言，廠商每一波的電視廣告支出不能少於 500 萬元，太少則消費者
看不到幾次。大約 500~1,000 萬元之間為宜。

(七) 故如果每年有 3,000 萬元的電視廣告支出預算，則可以分配在 2～4 波之
間播出。平均每季一次，計四次；或上半年、下半年各一次。

(八) 另外，對於一個「新產品」正式上市推出，如果沒有花費 3,000 萬元以上
電視廣告費，也會沒有足夠的廣告聲量出來，效果會不太大。因此，行銷
是要花錢的。

總收視點數（總收視率）

GRP = 　R 　　　　× 　F
　　　　　Reach 　　× 　Frequency
　　　　　觸達率 　　× 　頻次
例如：總收視點數（總收視率）
係指：這支廣告假設在 20 個電視節目播出，連續 3 週（21 天）
其合計的每個節目收視率的總合數！

例如：GRP 達成 300 點（75% 觸及率 ×4 次頻次＝ 300）
　　　或 400 點（80% 觸及率 ×5 次頻次＝ 400）

GRP 越高

代表收看該節目我們公司產品 TA 的人數及次數就越多

看的人數及次數越多，則對品牌傳播的效果及業績增加可能就會越好！

有效提升業績，電視廣告可能只是其中因素之一

其他因素還包括：產品力、促銷活動、店頭行銷、通路力、價格力、市場景氣、消費者所得及競爭狀況等諸多因素的總合。

一、三者關係之公式

1. 廣告預算＝ GRP×CPRP
2. GRP ＝廣告預算 /CPRP
3. CPRP ＝廣告預算 /GRP

二、案例計算

〈案例一〉預算多少

- 假設 CPRP（每 10 秒）＝ 6,000 元
- 希望 GRP（30 秒）達到 300 個點。
- 有一支 TVCF（30 秒）播放。
- 則此波預算為：
  → 6,000 元 ×3×300 點＝ 540 萬元
  →即預算＝ CPRP×3（30 秒）×300 點 (GRP) ＝ 540 萬元

〈案例二〉預算多少

- 若 TVCF（40 秒），則此波預算為：
  → 6,000 元 ×4（40 秒）×300 點＝ 720 萬元

〈案例三〉GRP 多少

- 若預算 600 萬元
- CPRP（10 秒）為 7,000 元
- TVCF（30 秒）

- 則此 GRP（30 秒）可達多少個？
  → GRP（10 秒）＝ 600 萬元 /7,000 元＝ 857 點
  → GRP（30 秒）＝ 857 點 /3（30 秒）＝ 285 點
- 故此時 GRP（30 秒）可達 285 個點

〈案例四〉GRP 多少？

- 若 CPRP（10 秒）為 5,000 元，TVCF 為 30 秒。
- 則 CRP（10 秒）＝ 500 萬元 /500 元＝ 1,000 個點。
  →則 CRP（30 秒）＝ 1,000 個點 /3 ＝ 333 個點。
- GRP 為 333 個點，表示 TVCF 可在收視率 1.0 的節目，播出 333 次（檔）；
  或在收視率 0.5 的節目裡，播出 666 次（檔），或在收視率 0.2 的節目裡，
  可以播出 1,665 次（檔）。

廣告預算、GRP、GPRP 三者間公式

 廣告預算　　　CPRP×GRP

 GRP　　　廣告預算 /CPRP

廣告預算應多少試算

- 假設 CPRP（每 10 秒）：6,000 元
- 希望 GRP（30 秒）達到 300 個點
- 有一支 TVCF（30 秒）播出
- 希望在平均 0.5 收視率節目播出

 則此波預算為：
6,000 元 ×3×300 點＝
540 萬元，則此波預算至
少可播出 600 次！

一、電視廣告要求播出時段價比

依收視率來看，逢週五、週六、週日時，收視率是高的；另外，晚上 (6:00~10:00) 及中午 (12:00~13:00) 黃金時間（Prime-Time，簡稱 PT 黃金時段）的收視率，是比早上及下午時段要高。因此，通常廣告主會要求在這些主力時段播出的廣告量，至少要占 70%，以確保更多目標族群看到廣告播出。

二、看過廣告的人占比及看過多少次

1. CPRP 價格法，應會計算出此波廣告 GRP 達成狀況下，你的目標消費群會有多少比例看過廣告，以及平均會看過幾次。

2. 一般來說，大概在目標消費群中有 70% 的人會看此支廣告，而且平均看過 4 次以上。

三、每小時廣告可以多少？

依據廣電法規規定，目前電視每 1 小時可以有 10 分鐘播出廣告，即占比為六分之一。通常，晚上時段會是夠 10 分鐘廣告量，但白天早上的下廣告量會不足，故電視臺會播出一些節目預告內容以補充時間。

四、收視率是如何來的？

1. 電視收視率是美商尼爾森公司 (Nilsen) 在臺灣找到 2,300 個家庭，與他們家庭協調好，在家中裝上尼爾森公司一種收視率計算盒子，只要開啟電視，即會開始統計收視率。

2. 當然，這 2,300 個家庭分布也是考量全臺灣的不同收入別、不同職業別、男女別、不同年齡層別而合理化裝置的。

五、收視率 1.0 代表多少人收看？

1. 收視率 1.0，代表全臺灣同時約有 20 萬人在收看此節目。

2. 計算依據是：

1/100：代表 1.0 的收視率。

2,000 萬人口：代表全臺灣扣除小孩子（嬰兒）以外的總人口。

故 1/100×2,000 萬人 = 20 萬人。

六、電視頻道的屬性類別

1. 目前電視的頻道類型，主要有下列：
   (1) 新聞臺　(2) 綜合臺　(3) 戲劇臺　(4) 國片臺　(5) 洋片臺
   (6) 日片臺　(7) 運動臺　(8) 新知臺　(9) 卡通兒童臺。

2. 其中，以新聞臺及綜合臺為較高收視率的前 2 名，其廣告量已較多，CPRP 的價格也較高，大致每 10 秒在 4,500~7,000 元之內。

3. 新聞臺的收看人口屬性，以男性略多些，年齡大一些居多。而有連續劇及綜藝節目的綜合臺，則以女性口略多些，年齡較年輕些。

4. 根據預估，新聞臺（有 8 個頻道）及綜合臺（有 15 個頻道）這兩大重要頻道的廣告量，占全部的 70% 之多，故是最主流的頻道類型。

七、有線電視頻道家族

1. 目前國內主要的有線電視頻道家族，包括：
   (1)TVBS　(2) 東森　(3) 三立　(4) 中天　(5) 八大　(6) 緯來
   (7) 福斯 (FOX)　(8) 民視　(9) 非凡　(10) 年代。

2. 若以年度廣告總營收來看，三立及東森、TVBS 居前三名。三立及東森的每年廣告收入平均約 35 億元，而 TVBS 的年廣告收入則為 24 億元。

八、TVCF 廣告片秒數多少？

1. 電視廣告片 (TVCF) 是以 5 秒為一個單位的，但一般來說 TVCF 的秒數，平均是以 20 秒及 30 秒居多；10 秒及 40 秒的也有，不過少一些。

2. 由於 TVCF 是依 CPRP 每 10 秒計價，因此，秒數越多就越貴；因此，考量價格及觀看者的收看習性，TVCF 仍以 20 秒及 30 秒最為適當。

九、電視廣告的效益如何？

1. 一般來説，電視廣告播出後，主要的效益仍在「品牌影響力」這個效益上。包括：品牌知名度、品牌認同度、品牌喜愛度、品牌忠誠度等提高及維繫。

2. 其次的效益，則是對「業績」的提升，也有可能帶來一部分的效益，但不是絕對的。

3. 因為，業績的提升是涉及產品力、定價力、通路力、推廣力、促銷力、服務力以及競爭對手與外在景氣現況等為主要因素，絕不可能一播出廣告，業績馬上就提升。

4. 但如果長期都不投資電視廣告，則品牌力及業績都可能會逐漸衰退。

十、電視廣告代言效益

1. 一般來說，如果電視廣告搭配正確的代言人，通常廣告效益會提高不少。

2. 因此，如果廠商行銷預算夠好的話，最好能搭配正確的代言人。

3. 目前，受歡迎且有效益的代言人有：

    (1) 蔡依林　(2) Janet　(3) 楊丞琳　(4) 林依晨　(5) 金城武

    (6) 陳美鳳　(7) 林心如　(8) 田馥甄　(9) 曾之喬　(10) 林志玲

    (11) 張鈞甯　(12) 桂綸鎂　(13) 謝震武　(14) 吳念真　(15) 吳慷仁

    (16) 陶晶瑩　(17) 隋棠　(18) 盧廣仲　(19) 蕭敬騰。

17-13 媒體廣告效益分析

一、媒體廣告刊播的效益衡量指標

(一) 廠商廣告主最在乎的是:

　　1. 業績是否提升?提升多少?

　　2. 品牌力是否提升?提升多少?

(二) 媒體代理商只能保證:

　　1. GRP 達成了沒有?

　　2. 有多少人看過了廣告?平均看過幾次?

　　3. 看過廣告的好感度、記憶度、印象度如何?

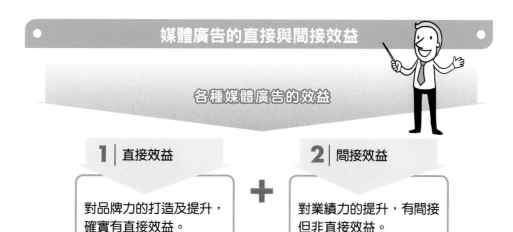

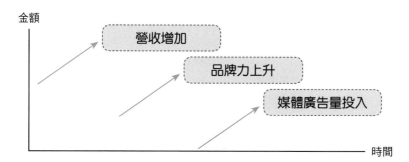

媒體廣告刊播後，如何評估效益

廣宣效益（效果）

1 | 銷售量、業績額是否有明顯上升，此最為重要。

2 | 新品牌知名度是否有上升。

3 | 既有品牌喜愛度、好感度、忠誠度是否維持。

4 | 企業優良形象是否上升。

5 | GRP 收視點數是否達成預計目標數。

6 | 通路商及零售商的口碑肯定。

媒體企劃及購買，也不是萬靈丹

1 好的產品力 ➕ **2** 具吸引力的電視廣告片 ➕ **3** 正確的代言人 ➕ **4** 媒體組合企劃與購買 ➕ **5** 促銷活動配合

- 才能創造業績長紅
- 才能創造爆紅的品牌力

二、廠商（廣告主）對媒體廣告效益評估案例

例如：以統一茶裏王飲料為例

(一) **假設去年**：年營收 20 億元→廣告費支出 4,000 萬元

(二) **今年目標**：年營收預估成長 10%，即 22 億元→廣告費支出增加到 6,000 萬元。

(三) **效益評估**：營收增加 2 億 × 毛利率 30% ＝毛利額增加 6,000 萬元，

廣告費淨支出增加 2,000 萬元。

6,000 萬元－ 2,000 萬元＝ 4,000 萬元，淨利潤增加，故效益是好的。

三、廣告投入增加後

1. 要看毛利額增加扣除廣告額增加後，是否有正數的獲利增加？

2. 除了利潤是否增加外，品牌知名度、指名度、喜愛度、忠誠度及形象等，是否較以往有所增加？

3. 總之，媒體組合投入後要看：(1) 業績量是否增加？ (2) 品牌力是否增加？

四、通力合作：廠商＋廣告公司＋媒體代理商

1. 廣告（廣告主）

2. 廣告公司

3 媒體代理商

三位一體密切開會通力合作

廠商、廣告公司、媒體代理商，三方通力合作

 品牌廠商 ＋ 廣告公司 ＋ 媒體代理商

- 三方通力合作，一起拉升品牌力及業績力！

如下圖所示，電視廣告效果的測定，主要可以從四個面向來分析：

一、媒體到達層次

即媒體到達率 × 平均到達次數，即得到媒體總到達率。即指在電視媒體播出的總到達率。

二、廣告到達層次

即廣告到達率 × 平均到達次數，即得到廣告總到達率。即指目標對象在電視上看到廣告的總曝光率，也就是有多少人比例看到了廣告，而且看過很多次了。

三、心理變化層次

即指對品牌廣告的認知率、知名度、好感度及可能購買率等心理改變。

四、刺激行動層次

即指真正採取行動，在賣場購買此品牌產品。

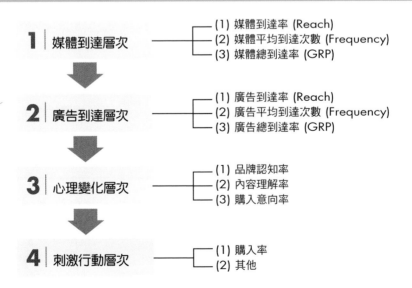

廣告效果測定的四種層次

1	媒體到達層次	(1) 媒體到達率 (Reach) (2) 媒體平均到達次數 (Frequency) (3) 媒體總到達率 (GRP)
2	廣告到達層次	(1) 廣告到達率 (Reach) (2) 廣告平均到達次數 (Frequency) (3) 廣告總到達率 (GRP)
3	心理變化層次	(1) 品牌認知率 (2) 內容理解率 (3) 購入意向率
4	刺激行動層次	(1) 購入率 (2) 其他

一、Media Planning 的中文為何？

二、Media Buying 的中文為何？

三、請列舉至少三家較大型的媒體代理商。

四、請列示為何需要媒體代理商的二大原因。

五、請列示 Buyer 又可分為哪二種？

六、請列出媒體企劃的六步驟為何？

七、請列出對媒體購買的要求為何？

八、請列示 Media Planner 的三大工作內容。

九、請列示 Media Buyer 的四大工作內容。

十、請列示媒體企劃及媒體購買人員應具備之五項特質為何？

十一、何謂 Media Mix？

十二、請列示 CPRP 的中文及英文意義為何？

十三、請列示目前 CPRP 價格較高的二種頻道類型為何？

十四、請列示 GRP 之中文、英文意義為何？

十五、請列示 GRP ＝ R×F 的 R 及 F 代表意義為何？

十六、請列示 GRP 數值愈高的意義為何？

十七、請列示目前每一小時的廣告時間為多少？

十八、請列示目前電視收視率的調查公司是哪一家？

十九、請列示收視率 1.0 代表該時間全臺有多少人在收看該節目？

二十、請列示目前臺灣有哪 10 家有線電視頻道家族？

二十一、請列示最常見的電視廣告秒數是多少秒？

二十二、請列示電視廣告播出後的主要效益在哪裡？

二十三、請列示電視廣告播出後，一定會馬上提高業績嗎？是或不是？為
什麼？

二十四、請列示目前藝人代言人有效果的五位姓名。

二十五、請列出媒體代理商在電視廣告播出後，只能告訴我們哪一個效益
達成了？

Chapter 18

電視媒體企劃與購買實際案例

18-1　東森房屋電視媒體購買計畫

一、企劃要素

　　1. 廣告期間

　　　・○○年 3 月 12 日（四）～ 3 月 24 日（二），共計 13 天。

　　2. 媒體目標

　　　・持續提升企業知名度及好感度

　　3. 目標對象

　　　・30~49 歲全體

　　4. 預算設定

　　　・電視 1,500 萬（含稅）

　　　・素材

　　　・40" TVC

二、節目類型購買設定

　　1. 新聞節目 65%

　　2. 戲劇節目 13%

　　3. 綜合節目 22%

三、目標群頻道收視率

　　1. 新聞臺

　　2. 綜合臺

　　3. 電影臺

　　4. 戲劇臺

四、排期與聲量規劃建議

　　本波聲量預估可購買 291GRPs（不含東森部分），為快速建立目標群記憶，建議採取策略如下：

　　1. 兩週內密集播放。

　　2. 聲量規劃採前重後輕操作。

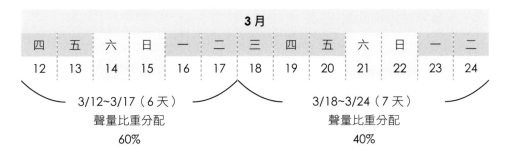

3 月

四	五	六	日	一	二	三	四	五	六	日	一	二
12	13	14	15	16	17	18	19	20	21	22	23	24

3/12~3/17（6 天）
聲量比重分配
60%

3/18~3/24（7 天）
聲量比重分配
40%

五、類型頻道預算分配

頻道家族	頻道名稱	平均收視率 %	頻道預算分配（含稅）			
			頻道預算（含稅）	類型頻道預算（含稅）	各頻道預算占比	類型頻道預算占比
新聞	TVBS-N	0.51	$672,000	$3,262,800	13%	65%
	TVBS	0.33	$252,000		5%	
	三立新聞臺	0.43	$588,000		12%	
	中天新聞臺	0.44	$554,400		11%	
	東森新聞臺（客戶直發）	0.46	$600,000		12%	
	非凡新聞臺	0.31	$294,000		6%	
	民視新聞臺	0.33	$302,400		6%	
綜合綜藝類	三立臺灣臺	1.39	$110,880	$1,113,080	2%	22%
	三立都會臺	0.46	$168,000		3%	
	東森綜合臺（客戶直發）	0.27	$200,000		4%	
	中天綜合臺	0.36	$252,000		5%	
	中天娛樂臺	0.19	$67,200		1%	
	年代 MUCH 臺	0.27	$315,000		6%	
戲劇	八大戲劇臺	0.27	$210,000	$624,120	4%	12%
	東森戲劇臺（客戶直發）	0.06	$200,000		4%	
	緯來戲劇臺	0.35	$214,120		4%	
總計			$5,000,000		100%	

六、家族頻道預算分配

頻道家族	頻道名稱	平均收視率 %	頻道預算（含稅）	頻道家族預算（含稅）	各頻道預算占比	頻道家族預算占比
TVBS 家族	TVBS-N	0.51	$672,000	$924,000	13.4%	18.5%
	TVBS	0.33	$252,000		5.0%	
三立家族	三立新聞臺	0.43	$588,000	$866,880	11.8%	17.3%
	三立臺灣臺	1.39	$110,880		2.2%	
	三立都會臺	0.46	$168,000		3.4%	
中天家族	中天新聞臺	0.44	$554,400	$873,600	11.1%	17.5%
	中天綜合臺	0.36	$252,000		5.0%	
	中天娛樂臺	0.19	$67,200		1.3%	
非凡家族	非凡新聞臺	0.31	$294,000	$294,000	5.9%	5.9%
年代家族	年代 MUCH 臺	0.27	$315,000	$315,000	6.3%	6.3%
民視新聞	民視新聞臺	0.33	$302,400	$302,400	6.0%	6.0%
八大家族	八大戲劇臺	0.27	$210,000	$210,000	4.2%	4.2%
緯來家族	緯來戲劇臺	0.35	$214,120	$214,120	4.3%	4.3%
東森家族	東森家族（客戶直發）		$100,000	$100,000	20.0%	20.0%
總計			$5,000,000		100.0%	

七、Cue 表檔次分布

　　雖採 CPRP 購買方式，但 Cue 表所安排之計費檔次保證播出，並保證總執行檔次至少 1,200 檔以上（不含東森家族）。

NO	頻道屬性	頻道別	四 12	五 13	六 14	日 15	一 16	二 17	三 18	四 19	五 20	六 21	日 22	一 23	二 24	檔次
1	新聞類	TVBS-N	3	4	2	2	1	2	1	1	3	2	2	0	1	24
2		TVBS	5	4	1	0	2	1	0	3	1	1	0	0	0	18
3		三立新聞臺	7	8	7	6	3	4	4	3	5	5	4	0	0	56
4		中天新聞臺	3	3	7	5	1	3	3	3	1	6	4	0	1	40
5		非凡新聞臺	7	6	0	0	5	4	3	3	3	0	0	1	0	32
6		民視新聞臺	2	2	4	3	0	1	1	0	2	2	2	0	0	21
7	綜合綜藝類	三立臺灣臺	0	0	1	2	1	0	0	0	0	0	2	1	0	7
8		三立都會臺	1	0	2	2	0	0	0	1	0	2	2	0	1	12
9		中天綜合臺	3	4	2	1	1	1	0	0	2	2	1	1	0	18
10		中天娛樂臺	1	1	1	1	0	0	0	1	1	0	1	0	0	7
11		年代 MUCH 臺	5	4	5	5	4	4	3	4	3	5	5	2	2	52
12	戲劇類	八大戲劇臺	4	6	3	2	4	4	3	2	3	1	1	2	0	36
13		緯來戲劇臺	4	5	0	0	4	4	4	2	3	0	0	1	0	28
		Cue 表檔次	45	47	35	29	26	29	22	23	27	26	24	8	5	351
		東森家族（客戶直發）檔次	17	19	15	12	13	9	7	4	4	4	3			107
		總檔次	62	66	50	41	39	38	29	27	31	30	27	8	5	453

八、電視廣告執行事前效益預估

排期			○○ /3/12~ ○○ /3/25（共計 14 天）
預算			NT$4,000,000（含稅）
素材			40"TVC
GRPs			291
10"GRPs			1,164
1+Reach			70.00%
3+Reach			40.00%
Erequency			4.4
10"CPRP（含回買）			NT$3,273
P.I.B.（首尾二支）GRP%			60%
Prime Time GRP%	週一～五	12:00~14:00	70%
		18:00~24:00	
	週六～日	12:00~24:00	

九、新聞報導與節目配合（免費）

置入	頻道名稱	節目	秒數	則數
新聞報導	TVBS-N	新聞	20"~50"	1
	三立新聞臺	新聞	20"~50"	2
	中天新聞臺	新聞	20"~50"	2
	年代新聞臺	新聞	20"~50"	2
	非凡新聞臺	新聞	20"~50"	1
	民視新聞臺	新聞	20"~50"	1
節目專訪	TVBS	Money 我最大		1
	八大第一臺	午間新聞		1
	緯來綜合	臺北 Walker Walker		1
總計				12

18-2 國內電視購物產業媒體採購企劃案

下面是國內電視購物產業形象廣告，電視媒體採購企劃案的實際案例。

一、電視媒體採購規劃

1. 預算：1,000 萬元（含稅）
2. 素材：40 秒 & 30 秒
3. 走期：10/12~10/23（40 秒）；11/9~11/22（30 秒）
4. 購買年齡層：30~54F；新聞頻道 30~54A/30-54M（F：女性；M：男性；A：全體）
   (1) 過去一年內選擇電視購物的男女比約 1:2。
   (2) 女性過去一年內電視購物的年齡層主要落在 30~59 歲，占 83%；而男性過去一年內電視購物的年齡層主要平均落在 30 以上，高達 90%。

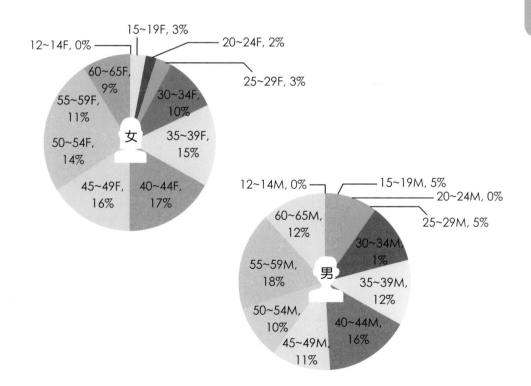

二、TA 電視收視偏好觀察

1. 觀察 30~54 全體電視收看類型，發現高收視的頻道類型主要集中於新聞、綜合、戲劇等。

2. 進一步觀察 30~54 全體收看偏好，發現 30~54 男性於高收視的頻道中，特別偏好新聞頻道；30~54 女性則偏好於綜合、戲劇等頻道。

頻道類型	30~54A		30~54F		30~54M	
	TVR	SOV	TVR	Index (vs. 25~49A)	TVR	Index (vs. 25~49A)
新聞臺	2.82	30%	2.52	89	3.1	110
綜合娛樂臺	2.08	24%	2.51	121	1.62	78
無線臺（含數位）	1.46	17%	1.58	108	1.4	96
戲劇臺	0.52	6%	0.8	154	0.22	42
電影臺	0.92	10%	0.67	73	1.21	132
兒童臺	0.44	5%	0.54	123	0.32	73
體育臺	0.23	3%	0.11	48	0.36	157
知識休閒臺	0.18	2%	0.15	83	0.23	128
日本臺	0.14	2%	0.16	114	0.12	86
音樂臺	0.05	1%	0.07	140	0.03	60
Total	8.84	100%	9.11		8.61	

三、頻道類型選擇建議：「依 TA 偏好頻道投放」

1. 購買策略：觀察 TA 收視偏好，建議集中最大聲量投資於綜合戲劇頻道，以精準觸及目標 TA，另以新聞臺增加廣度與能見度。

2. 購買方式：家族 CPRP Buy（如有特定頻道／節目需以檔購進單，會再提出討論）

頻道類型	30~54F		
	TVR	SOV	建議預算占比
新聞臺	2.52	27.5%	25%
綜合娛樂臺	2.51	27.5%	50%
戲劇臺	0.8	9%	25%
無線臺（含數位）	1.58	17%	-
電影臺	0.67	7%	-
兒童臺	0.54	6%	-
日本臺	0.11	1%	-
體育臺	0.15	2%	-
知識休閒臺	0.16	2%	-
音樂臺	0.07	1%	-
Total	9.11	100%	

*Data: Nielsen Arianna.

頻道類型	頻道	30~54F
新聞臺	TVBS-N/TVBS 新聞臺	0.58
	SANLI/ 三立臺灣	0.62
	ET-N/ 東森新聞	0.47
	CTiN/ 中天新聞臺	0.3
	SETN/ 三立新聞	0.28
	FTVN/ 民視新聞	0.22
	UBN/ 非凡新聞	0.16
	ERA-N/ 年代新聞臺	0.13
	EFNC/ 東森財經新聞臺	0.13
	NTVN/ 壹新聞	0.12
	TVBS/TVBS	0.11
	USTV/ 非凡衛星	0.01
	SET-F/ 三立財經臺	0.01

頻道類型	頻道	30~54F
綜合戲劇臺	GTV-D/GTV 戲劇臺	0.43
	SCC/ 衛視中文	0.3
	ET-D/ 東森戲劇臺	0.26
	SL2/ 三立都會	0.25
	ETTV/ 東森綜合	0.2
	TVBSG/TVBS 歡樂臺	0.17
	CTiV/ 中天綜合臺	0.16
	ONTV/ 緯來綜合臺	0.13
	VLD/ 緯來戲劇臺	0.11
	STV/ 超級電視	0.1
	JET/JET 綜合臺	0.1
	GTV-C/GTV 綜合臺	0.09
	GTV-1/GTV 第一臺	0.08
	CTiE/ 中天娛樂臺	0.08
	MUCH/MUCH	0.08
	TOP/ 高點綜合臺	0.05
	ASIA/ 東風衛視	0.05
	VLMAX/ 緯來育樂臺	0.04
	GTV-A/GTV 娛樂臺	0.01

四、30~54F TV Reach Curve（觸及率曲線）

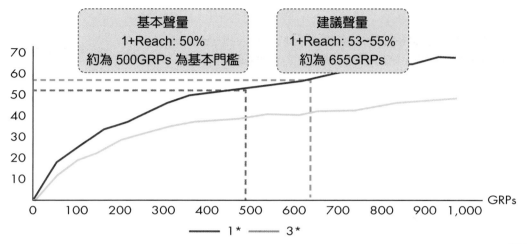

- 參考主要 TA (30~54F) 操作聲量，作為本波操作聲量參考依據。

五、排期操作建議

波段建議	Period 1 (10/12~10/23)	Period 1 (11/9~11/22)
第一波 40 秒；第二波 30 秒　　【GRP 分配】 GRPs: 655 GRPs 1+Reach: 53%~55% 3+Reach: 37%~39%　　【預算分配】	250 GRPs 40 秒	405 GRPs 30 秒
	430 萬	520 萬

- 1+Reach 與 3+Reach 以主要 TA 30~54F 作為參考依據。

六、各家族預算分配

頻道類型	頻道	預算比	10"CPRP
新聞頻道	TVBS/TVBS-N	25%	5,500
	東森新聞 / 東森財經		
	三立新聞 / 三立財經		
	非凡新聞 / 非凡財經		
戲劇頻道	東森戲劇	25%	4,000
	八大戲劇		
	緯來戲劇		
綜合頻道	八大第一 / 八大綜合	50%	
	超視 / 東森綜合		
	三立臺灣 / 三立都會		
	緯來綜合 / 緯來日本		

1. CPRP Buy 為保證聲量露出達到目標 10"GRPs，各頻道家族採取家族內全頻道合補方式執行。家族頻道視每日秒數及收視率變化做機動性調整檔次，不保證如 Cue 播出。
2. 各項 KPI (10"CPRP、10"GRPs、PT、PIB、週四～週日占比) 事後採 40 秒 & 30 秒雙素材合併檢視。
3. 新聞頻道 CPRP 參考值為 5,500；其他頻道 CPRP 參考值為 3,900；以上各家族 CPRP 為參考預估值，皆不列入事後檢視。
4. 整體 PT (1200~1259+1800~2359)：65%。
5. 非新聞頻道2000~2259的表現占非新聞頻道PT (1200~1259+1800~2359) 中的 70%。
6. PIB（首尾二支）：80%；其中首支＋尾支占 80%。
7. 週四～週日比例：70%。

家族類型	頻道	分類分齡	預算	預算比	各家族預估CPRP	事後檢視10"CPRP	事後檢視10"GRPs
TVBS 家族	TVBS/ TVBS-N	30~54A	750,000	8%	6,500		
東森家族	東森新聞 / 東森財經	30~54M	700,000	26%	4,500		
	東森戲劇	30~54F	900,000				
	東森綜合 / 超視	30~54F	900,000				
三立家族	三立臺灣 / 三立都會	30~54F	2,000,000	24%	4,650		
	三立新聞	30~54M	300,000				
八大家族	八大戲劇	30~54F	1,000,000	14%	3,500	4,300	2,215
	八大第一 / 八大綜合	30~54F	300,000				
緯來家族	緯來戲劇	30-54F	400,000	21%	3,000		
	緯來綜合 / 緯來日本	30-54F	1,623,810				
非凡家族	非凡新聞 / 非凡商業	30-54M	650,000	7%	5,300		
小計 (NET)			9,523,810	100%			
稅 (5%)			476,191				
總計（含稅）			10,000,000				

國家圖書館出版品預行編目資料

超圖解廣告學/戴國良著. －－初版. －－臺北
市：五南圖書出版股份有限公司, 2022.06
　　面；　公分
　　ISBN 978-626-317-784-0 (平裝)
　　1.CST: 廣告學
　　497　　　　　　　　　　　111005004

1FSQ

超圖解廣告學

作　　　者 — 戴國良

發 行 人 — 楊榮川

總 經 理 — 楊士清

總 編 輯 — 楊秀麗

主　　　編 — 侯家嵐

責 任 編 輯 — 吳瑀芳

文 字 校 對 — 石曉蓉、劉祐融

封 面 設 計 — 王麗娟

內 文 排 版 — 張淑貞

出 版 者 — 五南圖書出版股份有限公司

地　　　址：106臺北市大安區和平東路二段339號4

電　　　話：(02)2705-5066　　傳　真：(02)2706-61

網　　　址：https://www.wunan.com.tw

電 子 郵 件：wunan@wunan.com.tw

劃 撥 帳 號：01068953

戶　　　名：五南圖書出版股份有限公司

法 律 顧 問　林勝安律師事務所　林勝安律師

出 版 日 期　2022年6月初版一刷

定　　　價　新臺幣390元

經典永恆·名著常在

五十週年的獻禮——經典名著文庫

　　五南，五十年了，半個世紀，人生旅程的一大半，走過來了。
　　思索著，邁向百年的未來歷程，能為知識界、文化學術界作些什麼？
　　在速食文化的生態下，有什麼值得讓人雋永品味的？

歷代經典·當今名著，經過時間的洗禮，千錘百鍊，流傳至今，光芒耀人；
　　不僅使我們能領悟前人的智慧，同時也增深加廣我們思考的深度與視野。
　　我們決心投入巨資，有計畫的系統梳選，成立「經典名著文庫」，
　　　　希望收入古今中外思想性的、充滿睿智與獨見的經典、名著。
　　　　　　這是一項理想性的、永續性的巨大出版工程。
　　不在意讀者的眾寡，只考慮它的學術價值，力求完整展現先哲思想的軌跡；
　　　　為知識界開啟一片智慧之窗，營造一座百花綻放的世界文明公園，
　　　　　　任君遨遊、取菁吸蜜、嘉惠學子！